感性记忆法

【美】威廉·沃克·阿特金森 著
李睿昊 译

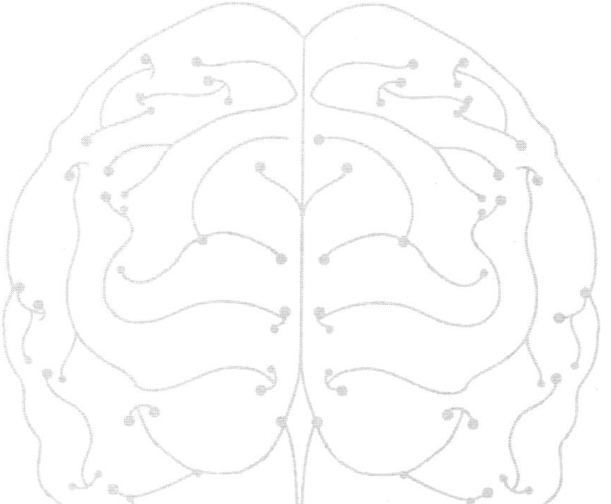

MEMORY

江苏凤凰文艺出版社
JIANGSU PHOENIX LITERATURE AND ART PUBLISHING

图书在版编目（CIP）数据

感性记忆法 /（美）威廉·沃克·阿特金森 (William Walker Atkinson) 著 ; 李睿昊译. -- 南京 : 江苏凤凰文艺出版社, 2024.1
ISBN 978-7-5594-7990-7

Ⅰ. ①感… Ⅱ. ①威… ②李… Ⅲ. ①记忆术 Ⅳ. ① B842.3

中国国家版本馆 CIP 数据核字 (2023) 第 176799 号

感性记忆法

[美] 威廉·沃克·阿特金森 著 李睿昊 译

责任编辑	朱智贤
责任印制	刘 巍
出版发行	江苏凤凰文艺出版社
	南京市中央路 165 号，邮编：210009
网 址	http://www.jswenyi.com
印 刷	三河市金泰源印务有限公司
开 本	880mm × 1230mm 1/32
印 张	6.5
字 数	100 千字
版 次	2024 年 1 月第 1 版
印 次	2024 年 1 月第 1 次印刷
书 号	ISBN 978-7-5594-7990-7
定 价	42.00 元

CONTENTS **目 录**

01 总述
有效编码的逻辑：注意力法则和联想法则

02 记忆力的原理

意志力的奇迹：让潜意识为你工作

03 记忆力的关键点

感觉的烙印：用清晰输入打开记忆之门

04 记忆力的具体方法

理性的重建：编排记忆索引，有效提取信息

01 总述

有效编码的逻辑：注意力法则和联想法则

▷ 1. 记忆力的重要性

无论贫穷或富有，一个人真正的财产是他的记忆力。

谈到记忆力这个话题，人们马上就会想起生活中需要记忆力的方方面面。实际上，一个人能在生活和工作中取得成就，记忆力会起到很大的作用。

一个人在很多方面的价值，都是由他的记忆力和学习能力决定的。比如，一个人能够记得每天工作中遇到的人的脸庞、名字等，他的工作水平就会比较高。而在两性交往中，记忆力好的人通常更有魅力。至于更深层次的思维活动，记忆起到的作用更是无法估计。

正如亚历山大·史密斯[①]所说："无论贫穷或富有，一个人真正的财产是他的记忆力。"李希特[②]也说过："记忆是唯一一个永不会将我们驱逐的伊甸园。上天赐予我们记忆，让我们在面对死亡时也不会失去什么。"

以往，我们认为记忆力"好"，就是看东西能记得住。但是，很少有人能认识到，形象思维对于记忆力来说是多么重要。

---

① 亚历山大·史密斯，英国诗人、散文家，从小家境贫寒。他从小酷爱诗歌和文学，但因为家境原因，无法得到好的教育。在艰苦条件下，他自学成才，当上了一名印刷工人，但他始终坚持自己的文学梦想。后来他受到了当时知名诗人托马斯·卡莱尔的赏识和帮助，逐渐获得了公众的认可。他的诗歌作品主题丰富，涵盖了记忆、自然、爱情和生命等方面。

② 让·保罗·弗里德里希·李希特，德国作家、诗人。他的作品以其幽默、浪漫、深刻著称。在他的作品中，经常出现对记忆的描绘和反思。他认为记忆是人们心灵中最珍贵的东西，而回忆和想象则是人们与自己和世界交流的方式。

以往，我们总觉得记忆力“好”，也就是记性“不差”，也就是看东西能记得住。不过，“记忆力”这个词的内涵，可比“记性强”要宽泛得多。

“记忆力”是我们精神活动最全面的体现。当我们进行记忆时，大脑在行使梳理、总结以及偶然的回忆等功能，就像是在审视自己的宝藏一样。

正如培根[①]所说：“所有知识都不过是记忆。”爱默生[②]

---

① 弗朗西斯·培根，英国著名哲学家、政治家和文学家，现代实验科学方法的创始人之一。在记忆力方面，弗朗西斯·培根也有很多独特的贡献。培根在《新工具》中提出了一种“三表法”，这是一种将复杂的思想结构化和可视化的方法，也被广泛应用于现代的思维导图和知识管理工具中。

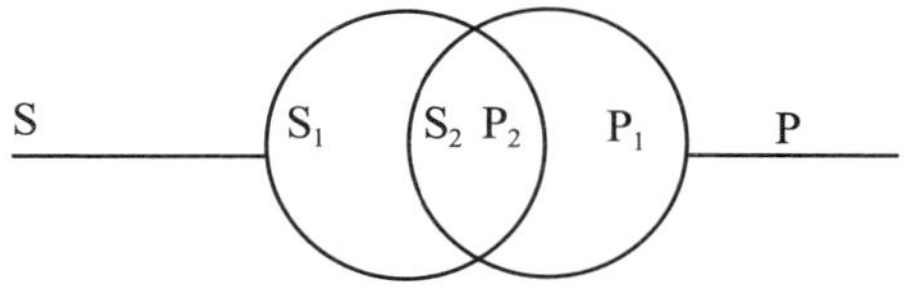

（图注：本图为培根三表法。S为例证材料，P是需要证明的命题。）

② 拉尔夫·沃尔多·爱默生，美国著名思想家、诗人和散文家，他是美国浪漫主义文学和哲学运动的重要代表人物。他的作品深受欧洲浪漫主义思想的影响，同时也在很大程度上影响了后来的文学。

也道："记忆力是最基本的能力。它像水泥，像沥青，像其他所有能力发展的温床。没有它，一切都无法工作，所有的生命和思想都将无法传承。"

而凯[①]，这一领域中最权威的专家之一，这样评价记忆力："想要获得知识，则必须能够回忆和记住过去的经验。如果任何一种感觉、思想或情绪在停止的一刻就被从脑海中抹去，那么它就会像从未存在过一样；即使碰巧再次产生，也无法被察觉和辨认。

"如此这般，人类所丢失的将不仅是知识和经验——所有需要知识和记忆力的东西，包括目标、未来规划等，也都将消失。就连运动——包括自主运动和不自主运动——在没有记忆的情况下也统统无法完成，因为任何运动指令都跟记忆有关。

---

① 大卫·凯，美国心理学家、教育家和作家，他的作品主要关注人类记忆和记忆力的研究和提高。他的《什么是记忆力？如何提高记忆力？》是记忆力方面的一本经典著作。在书中，凯介绍了记忆的定义、不同类型的记忆、记忆的存储和检索等相关知识，并提供了包括重复、联想、图像化等一系列实用的技巧和方法来提高记忆力。

“除了学习能力，创作灵感、艺术天赋、战斗的勇气等全都取决于一个人的记忆力。不仅如此，没有记忆力甚至意味着意识本身也是不存在的。因为意识行为本质上是意识从过去到现在的状态改变。如果一个意识状态出现即消失，那么将没有任何机会产生意识状态的改变，自然也不会有意识行为。

“因此，记忆可以说是与所有意识存在相关的意识的共性！”

在塑造人格与形成个性的过程中，记忆起到了重要作用。记忆力的好坏，决定了我们印象的深浅和留存时间的长短。

我们的经验是成功的垫脚石，它能够带领我们前进，引导我们远离危险。在良好记忆力的帮助下，我们将不必因重蹈覆辙而受苦，还能从他人犯过的错误中吸取教训。

正如一位同行所说：“当记忆力有巨大的缺陷时，经验和知识也会随之产生缺陷。人就必然会因此产生荒唐的想法和鲁莽的行为。”另一位同行说：“每个普通人，都能记住生活中过往的喜怒哀乐。只有准确评估周围事物对我们的影响，我们才能感受到幸福。那些在这方面受到过全面教育的人，总能精确地估计周围环境带给他的影响；在面对对手时，也能由内而外展现自己的强大。准确而全面地记住苦难和欢乐，是对自身的审慎，亦是对他人的怜悯。”

因此，培养记忆力绝不仅是培养和发展一种单一的心智能力，它是对人的整个精神世界的培养和发展。

对很多人来说，记忆力、回忆和回想三个词的意思是一样的，其实，这三个术语之间的区别还是很大的。读者们需要明确区分这几个术语，才能抓住本书的要点和建议。让我们一起来分析一下这几个术语。

哲学家约翰·洛克[①]在他的著作《人类理解论》中阐述

---

① 约翰·洛克，英国哲学家、政治理论家和医生，他被认为是近代西方哲学和政治思想的重要代表人物之一。洛克的著作《人类理解论》中探讨了人类认知的本质和人类思维的运作方式。他认为人类的认知和思维能力是通过经验和感觉的积累不断发展的。他还提出了“联想”的概念，认为记忆是通过将之前经验和感觉中的相关元素联想在一起而形成的。

了这几个术语的区别，他认为记忆力是一种力量，它能复苏曾在脑海中停留过、但现在已经消失的印象，也能唤回被我们搁置的想法。

一个想法在没有相似外部感知刺激的情况下重现，这就是回忆。而如果在脑海中努力地搜寻，让特定的对象浮现，这就是回想。

富勒[①]对此评价道："记忆是一种在脑中复制印象或知觉的力量。回忆和回想是这种力量的具象化，前者是无意识的、自发的，后者是刻意的、主动的。我们无法控制回忆，但只能通过自身的努力回想。'回忆'这个行为是自发的，换句话说，就是毫不费力地记起某样东西。

"因此，这两个术语微小的差别就在于：回忆是偶然

① 托马斯·富勒，英国神学家和历史学家。他的著作主要涵盖了宗教、历史、文学等领域。

的，回想是有意的。而成功的回想，会使所记忆的东西比以往任何时候都要坚定和稳固。”

但是，著名作家查尔斯·哈奈尔[①]在《新心理学》中的解释和洛克的稍有出入，他认为“记忆力”一词不仅被用来描述“重现的力量”，还包括接收、存储多样的感受和构想。不过，《新心理学》仍然认可洛克对“回忆”和“回想”的区分。

在很长一段时间里，人们认为可以通过智力训练来培养和发展记忆力，认为记忆力就如其他精神能力或是身体机能一样，能够被提高和强化。但最近几年，人们发现试图去训练和发展的都仅仅是“回想”，即洛克所定义的，“经过一番艰苦搜寻后，最终使某事物在脑中重现”的这一阶段。

《新心理学》则在这方面更进一步。在提出科学有效的“回想”方法的同时，还指导读者运用联想，即依靠相似的

---

① 查尔斯·哈奈尔，美国著名作家，美国科学联合会、作家联合会、心理学研究会会员。著有《世界上最神奇的24堂课》《新心理学》等。

事物，使大脑中存储的印象自然流动到某个意识区域。这样的方法远比原来的“回想”方法要轻松。

这项任务会涉及多个记忆阶段。

1. 确定自己的记忆目标。
2. 想象自己的记忆是一块写字板，将你所需要记忆的东西尽可能清晰地“印”在这块板上。
3. 把记忆中存储的东西再次提取出来。
4. 最后总结出在特定情境下回忆出记忆目标的方法。

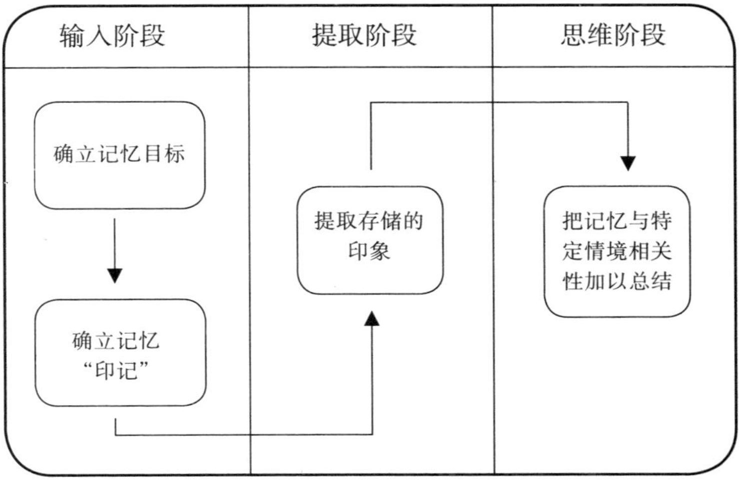

这就是培养自然记忆力的方法，和后文中提到的“死记硬背”相反。

这不仅是在发展记忆力，更是在发展各阶段多领域的思想活动。它不只是一种回想的方法，还是一种观察，思考的方法。这个方法正是蒲泊[①]诗篇中的真理：“记忆和思想总是携手前行，而感觉和思想之间几乎并无二致！”

---

① 亚历山大·蒲泊，英国最伟大的诗人之一。

▷ 2. 培养记忆力

记忆力是没有上限的。

本书的主旨是介绍有效可行的、提高记忆力的方法。很多人有一种刻板印象，认为记忆力是天生的，不能后天培养。这种谬论已经被专家学者们通过研究和实验所破除。很多人通过自身的努力，在没有他人指导的情况下，也能成功提升自己的记忆力。

尽管如此，想要真正提高记忆力，仍必须按照心理学的规律进行。培养记忆力绝不是“小把戏”，也不是精神上的自我欺骗。

诺亚·波特[①]博士说：“与死记硬背不同，自然记忆靠的是感觉或思想之间的联系——眼睛和耳朵接收到来自客观环境的信息，并产生自发的记忆；这些自发的记忆经过理性的加工，形成更高级的记忆结合体。

“死记硬背则是用一套全新的系统来替代事物间的自然关系，将客观事物进行机械的排序和展现——仅仅为了把东西记住而已。如此，则往往有这样一个规律：如果强行去关注事物之间的这种生拉硬扯的关系，则会难以注意到事物本身的客观规律。”

格兰威尔[②]说：“大多数提高记忆力的方法实际上都有

---

① 诺亚·波特，美国哲学家和教育家，曾任耶鲁大学校长。在记忆力方面，波特曾提出了一种记忆方法，称为“建造性记忆法”。这种方法基于对于人类记忆的本质和特点的理解，认为记忆是通过将信息与已有的知识和经验相结合，重新组织和重构而形成的。波特通过应用这种方法来提高学生的学习效率和记忆力，并在当时获得了广泛的认可和推广。

② 格兰威尔·霍尔，美国心理学家和教育家，美国心理学协会主席，“格式塔”学派的先驱人物之一。他的研究涵盖了许多领域，包括儿童发展、教育心理学、社会心理学和宗教心理学等。

一个缺陷：它们能让人对某样东西留有印象，但无法将记忆作为一个整体。”

富勒说：“不得不承认，死记硬背对自然记忆的破坏，远胜于眼镜对眼睛的破坏。”

这些专家们的观点可能有非常大的出入——但他们一致地反对死记硬背，并偏爱自然记忆。

记忆的提升靠的是下面几个要素：

（1）依赖于日常状态下对记忆力的提取。

（2）来源于记忆某事物时的专注力。

（3）靠的是我们对自己想法的排序。

这就是培养记忆力的三要点：

（1）使用，练习，重复和实践。

（2）注意力和兴趣。

（3）排序和联想。

在本书涉及记忆阶段的几个章节中，我们从头到尾都在强调使用记忆力的重要性。就如其他精神能力或身体机能一样，记忆力遵循“用进废退”的规律。你可以通过锻炼来增强肌肉，训练特定的心智能力。如果想发展记忆力，你也要采用同样的方法——自然规律是恒定的、互通的。

当我们对一个事物感兴趣时，往往会在它身上倾注更多注意力。在注意力的帮助下，我们得以将这个事物归入“记忆”的“档案”。注意力的集中程度决定了记忆的深度、清晰度和强度。如果一开始的“归档”就不够清晰，那么对记忆的提取也会很难，就更不可能灵活运用了——记忆就是如此。

对记忆对象加以联想，也有助于培养和发展记忆力。哈勒克[①]在提到“联想”时所说：“我们总能发现事物之间的联系，这些联系可以帮助我们更好地记住这些事物。记忆的法则是：尝试通过某些特征将新老事物联系在一起，如相似点、因果关系，包括总分在内的其他逻辑关系。然后我们就会发现，当一个想法出现时，一连串与之相关的想法就会流入脑海中。如果我们要准备一场演讲或写一篇文章，相关的

---

① 鲁本·波斯特·哈勒克，美国心理学家、教育家，他对记忆力的研究和教育方面的贡献得到了广泛认可。他提出了“谐波记忆法”，即将信息转化为具有节奏和韵律的形式，这有助于记忆和提高信息的理解。

实例就可以帮助我们记忆。只有单线记忆而不会联想的人，永远都不会有那么好的记忆力。”

由此可见，一个人的联想能力决定了他接受知识的能力和学习效率。因此，想要合理地培养和发展记忆力，联想是十分重要的。

培养记忆力没有捷径，包括以上所述的集中注意力和联想，也都需要在心理学指导下进行的科学练习。

就如哈勒克所说：“在提升思想或身体素质这方面没有捷径，没法速成。想要达成目标，就要在正确方法论的指导下进行长期的练习。你不必为此感到失望——因为如果紧跟心理学的指导，很快就会发现自己走的是一条康庄大道，而不是毫无目的地四处徘徊。这些心理学规则就像地图、像罗盘、像向导，能带领你更快地到达目的地。你会发现，记忆的提高是循序渐进的，花哨的方法根本不会带来稳固的结果。”

读者们可以多关注后文中注意力和联想的章节，这里将不作赘述。培养注意力是良好记忆力的前提，注意力不足不仅意味着记性不好，也是整个精神世界的损失。

《新心理学》一书中也不断强调培养注意力的必要性。哈勒克说："朦胧的感知常常是模糊记忆的根源。如果感知是清晰的，那么就相当于迈出了良好记忆的第一步。如果第一印象很生动，那么它在脑细胞中将停留得更久。所有人都应该练习培养自己的观察能力。优秀的观察能力会让感知更加清晰，帮助大脑形成图像记忆的习惯。"

联想能力也同样重要。因为只有依靠联想，才能将被淡忘的过去重新回想起来。就如布莱基所说："没有什么能比分类和排序更有用处的了。世间万物的类别是有限的，只要对这些类别加以了解，就能大概知道每个个体最重要的特征。只要记住特征，就能事半功倍地记住它们。"

正如哈勒克在提到"联想"时所说："我们总能发现事物之间的联系，这些联系可以帮助我们更好地记住这些事物。记忆的法则是：尝试通过某些特征将新老事物联系在一起，如相似点、因果关系，包括总分在内的其他逻辑关系。

然后我们就会发现，当一个想法出现时，一连串与之相关的想法就会流入脑海中。如果我们要准备一场演讲或写一篇文章，相关的实例就可以帮助我们记忆。只有单线记忆而不会联想的人，永远都不会有那么好的记忆力。”

如果你是照着本书的章节顺序来培养记忆力的，那么你会了解第一章第一节中记忆力对精神活动的重要性。仔细地阅读第一章第三节，你要像其中提到的那些例子一样，尽可能地从各个维度提升自己的记忆力。当你学习了第二章第一节中记忆力的系统这一节后，就会意识到感性记忆法是正确的方法。它需要实践，耐心和练习，以及严格执行计划的决心。

通过第二章第二节，你会了解潜意识世界——记忆被有序地存储和放置在脑中的潜意识领域。在那里，精神世界的“小人”在努力工作。这能让你掌握记忆的诀窍。

接下来分别阅读第二章第三节和第二章第四节，熟悉重要的记忆法则。然后学习第三章第一节，对照着自己，看看自己最擅长记忆力的哪个阶段，以及哪个阶段需要提高。

当你读完训练眼睛和耳朵这两节以及关于训练特定记忆力阶段的几节后，无论你是否需要提高记忆力的这几个阶段，你都会觉得时间没有白费。

在本书附录“小贴士”部分，我们会给出一些具有普适性的建议和一些有针对性的指导。你读完这一节，需要你返回要提升的记忆力的阶段的章节中，细致认真地学习，直到掌握所有要点。

最后，最重要的一点是实践，即练习，练习，再练习。你需要一次又一次地阅读那些章节，温故知新，让这本书的每一个字词、段落都变成你自己的东西，理解它、吸收它。

问：记忆的提升靠的是哪几个要素呢？

答：

依赖于日常状态下对记忆力的提取。

来源于记忆某事物时的专注力。

靠的是我们对自己想法的排序。

问：培养记忆力的三个要点都是什么呢？

答：

使用，练习，重复和实践

注意力和兴趣。

排序和联想。

（图注：以上内容是对记忆技巧的总结。）

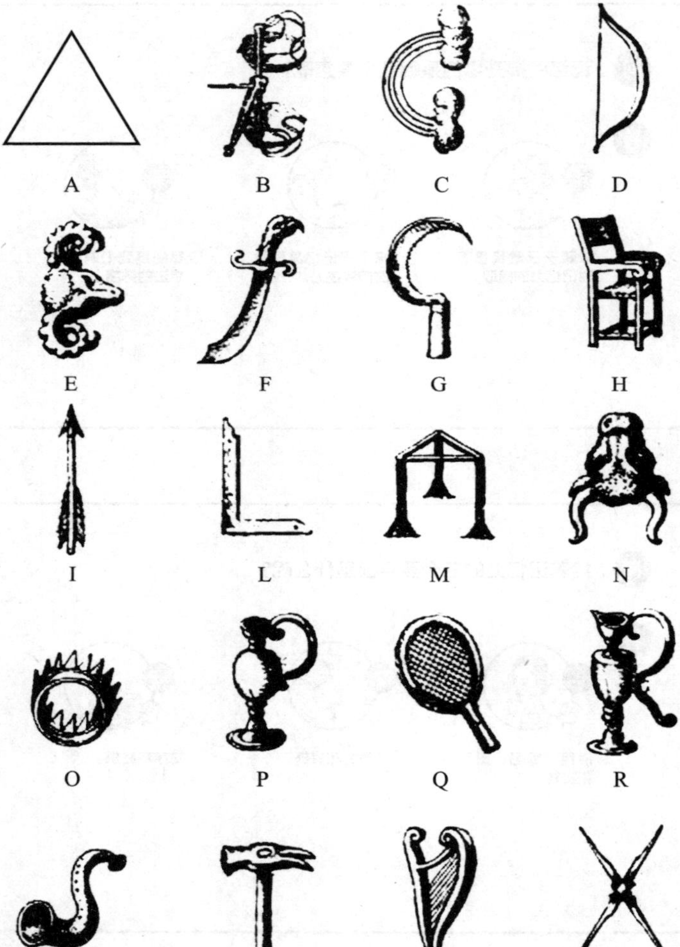
A B C D
E F G H
I L M N
O P Q R
S T V X

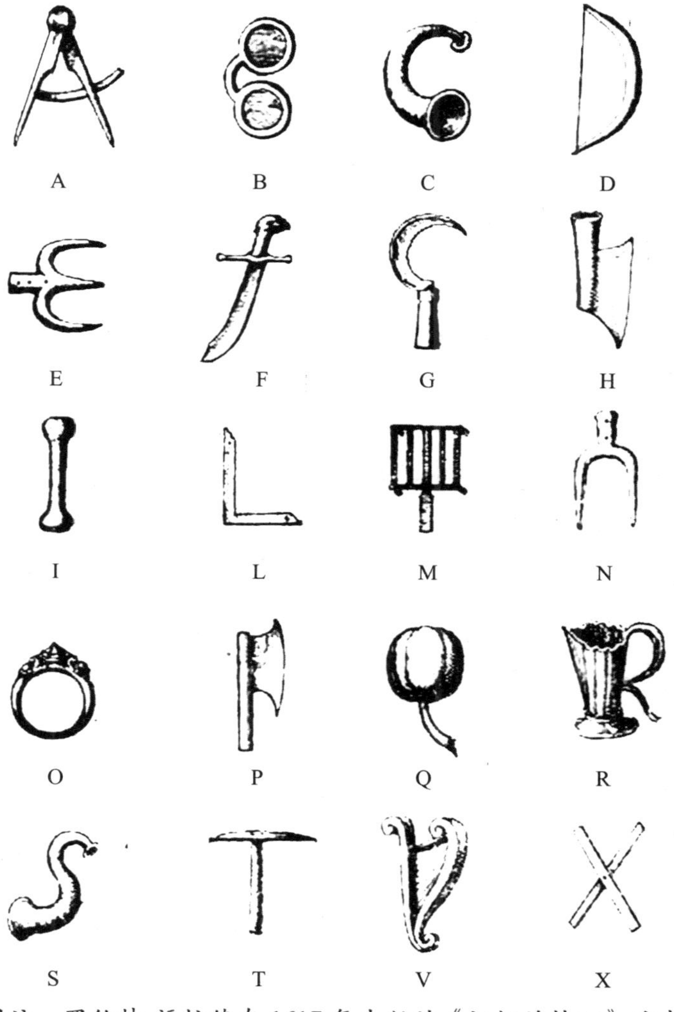

（图注：罗伯特·福拉德在1617年出版的《记忆的技巧》这本书中建议使用联想记忆法来记忆字母。）

▷ 3. 记忆力的著名案例

记忆力的巨大潜能，可以在符合心理学规律的引导之下激发出来。

为了让读者体会记忆力的奇妙，我们将在本节中展示一些关于记忆力的著名案例。这样做不是为了说明这些案例有多值得模仿——它们并不具有普适性，在日常生活中也不一定能用到——仅仅是为了展示记忆力的巨大潜能，而这种潜能可以在符合心理学规律的引导之下被激发出来。

在古老的印度，经典著作是靠口述在师生之间代代相传的。马克斯·穆勒[①]说，他所翻译的梵文语法的篇幅和一部大辞典一样，但它们在被文字记录下来之前已经口口相传了几个世纪。现在有许多记忆力好的印度人可以背诵像《摩诃婆罗多》这样约有30万行的史诗。

利兰[②]说："现在的斯拉沃尼亚吟游诗人，可以把巨幅史诗分毫不差地记诵下来。我在印度阿尔贡金族人中也发现了同样的现象。他们有无数的神话传说，到现在都还在被准确地口口相传。我听说在英格兰有位90岁的女士记忆力惊人，能背诵自己拥有的所有藏书。这位女士从年轻时开始，每天背诵某本书中的一段文字，然后不断复习。随着自己记忆力的提高，她学得更多更快。尽管已经90岁高龄，她可以背诵出整架图书中的任意一个章节和段落。"

---

① 马克斯·穆勒，德国语言学家、比较神话学家和印度学家，《吠陀经》《奥义书》等印度经典著作的译者。

② 查尔斯·利兰，美国民俗学家，现代民俗学研究的先驱之一。他的著作《阿拉蒂娅或女巫的福音》对于美国民俗传统和流行文化的研究做出了重要的贡献。

米特拉达梯[1]，古代一位英勇的国王和战士——他知道自己的军队里每一位士兵的名字，还能够流利地使用22种语言。

普林尼[2]说卡尔米德[3]可以复述他的图书馆中任意一本书的内容。

霍滕修斯[4]，罗马的雄辩家，拥有强大的记忆力，可以在不做任何笔记的情况下回想起他的对手辩词的每一个字。在一次打赌中，他参加了一场为时一天的大型拍卖会，事后准确地说出了每件拍品的顺序、购买者姓名及价格。

据说塞涅卡[5]能一次性记住几千个名字，还能按顺序重

---

① 米特拉达梯，古代马格尼西亚国的国王，他在位于公元前120年至公元前63年期间，是一位杰出的政治家和军事统帅。

② 普林尼，古罗马时期的学者、将军和作家，其最著名的作品是《自然史》，一部关于天文学、自然历史和地理学的百科全书。普林尼在《自然史》中对“记忆术”进行了阐述，“记忆术”是一种用于记忆大量信息的技巧。他描述了如何使用可视化和关联来帮助记忆，这在现代记忆研究中仍然很受欢迎。

③ 卡尔米德，古希腊雄辩家、演说家和散文家，他的记忆技巧在古代得到广泛应用，许多其他演说家和学者也受到了他的影响。

④ 霍腾修斯，古罗马著名的辩论家和诗人，他生活在公元前65年至公元8年之间。他的演讲风格精炼、优美、富有说服力，常常引人入胜，让听众深受启发。

⑤ 塞涅卡，古罗马哲学家、政治家和文学家，生活在公元1世纪。他是斯多葛哲学派的重要代表之一，也是出色的演说家和文学家。

复自己听到的名字，甚至还能把这些名字倒背如流。他还能做到这种奇迹：几百个人，每人给他念一段文字。他边听边记，最后根据听到的顺序逐字复述，再倒着复述一遍。

本·琼森[①]据说可以非常轻松地记住他自己所有的作品。布尔沃[②]可以背出贺拉斯[③]的《颂诗集》；兰多[④]据说过目不忘，甚至能在多年以后记起曾经读过的书；拜伦可以背出所有他自己的诗；布封[⑤]可以将自己的作品从头背到尾；布莱恩特[⑥]同样拥有背诵自己作品的能力。

---

① 本·琼森，英国最重要的戏剧作家之一。1605年被指控参与了“火药阴谋”。他在审讯期间凭借出色的记忆力记住了审讯过程中的所有问题和评测结果，并成功地否认了自己的参与。这个事件被认为是他卓越记忆力的证明，为他赢得了尊敬和称赞。

② 爱德华·布尔沃-莱顿，英国哲学家和美学家。他的研究领域包括认知心理学、感知、美学、文化哲学等。他认为人们的记忆并不是简单的回忆过去，而是由情境和情感等因素构成的。他的著作《认知与意识》以及《美学与社会》等对认知心理学、美学和文化哲学等领域产生了重要影响。

③ 贺拉斯，著名诗人，古罗马文学的巨匠之一。

④ 沃尔特·萨维奇·兰多，英国作家、广告人和诗人，曾经写过一本名为《记忆力的艺术》的书籍，其中介绍了他的一些记忆技巧和方法。兰多使用了“时间轴”这一概念，将信息按照时间的先后顺序排列来帮助记忆。他的书籍《记忆力的艺术》被翻译成多种语言，并成了一部备受推崇的经典著作。

⑤ 布封，法国自然学家和作家，代表作有《自然史》等。

⑥ 威廉·卡伦·布莱恩特，美国诗人、记者和编辑。他以其对美国自然风光的描述而闻名。

桑德森[①]可以复述尤文纳尔[②]和珀尔修斯[③]部分伟大的诗篇以及贺拉斯的全部作品。

费多索娃，一个俄罗斯农民，在年仅17岁时就可以背出超过25000首诗和传说故事。报纸上也曾刊登过一位纽约人克拉克的事迹：他可以说出从第一届总统选举开始每个州的选票数；可以说出世界上所有城市从古至今有过记录的人口；可以从任意一个段落开始背诵莎士比亚的戏剧；可以用古希腊语背出整本《伊利亚特》。

有个荷兰人的故事也非常著名。据说他仅仅读上一遍，就能把整张报纸的内容背诵出来，包括广告。有一次，他还把报纸上的内容倒过来背诵了一遍，从最后一个字开始，到第一个字结束，使人惊叹不已。

---

① 罗伯特·桑德森，美国记忆大师和记忆方法教练。
② 尤文纳尔，古罗马著名的雄辩家和教育家，主要作品《教育口才书》对古代和现代的演说家和教育家都有很大的影响，其记忆技巧至今仍被广泛研究和应用。
③ 珀尔修斯，古罗马共和国早期的将军、政治家。公元前340年，拉丁联盟发动了对罗马的进攻，珀尔修斯在战斗中扮演牺牲者的角色，将自己献给神灵，以换取罗马的胜利。

据说，英国演员里昂复制了这一壮举，他背出了一份大型伦敦报纸，还包括上面的市场报价、议会辩论报告、铁路时间表和广告。一位伦敦的服务员和别人打赌，为了赢得赌注，他背下了一份长达8页的报纸。历史上最著名的超级记忆力的拥有者，是个叫梅内克肯的小孩。他在不到4岁的时候就可以背出一整本书、两百首颂歌、5000个拉丁语单词和无数传说故事、民俗文献。据说他能过目不忘。

约翰·斯图亚特·米尔[①]在三岁时就掌握了许多希腊语知识，并在8岁时记住了休谟、爱德华·吉本和其他历史学家的作品。不久之后，他掌握并背诵了希罗多德、色诺芬、苏格拉底的一些作品和柏拉图的6部《对话录》。

理查德·波尔森[②]可以背出休谟、贺拉斯、西塞罗[③]、维吉尔[④]、李维[⑤]、莎士比亚、弥尔顿[⑥]和吉本的著作。他可以

---

① 约翰·斯图亚特·米尔，英国哲学家。
② 理查德·波尔森，英国学者。
③ 西塞罗，古罗马政治学家。
④ 普布利乌斯·维吉尔·马罗，古罗马著名诗人。
⑤ 提图斯·李维，古罗马历史学家。
⑥ 约翰·弥尔顿，英国诗人、政治学家。

在仔细地读过一遍小说后便将它记住，甚至还有几次连英国的《每月评论》也背了下来。

德罗西能够背诵意大利四大诗人中任何一位的一百句诗。只要从四位诗人的作品中随便抽出一句话，他就能接着把这句话后面的部分背出来。

如果托马斯·富勒[①]在一条长长的伦敦街上走过，他能按顺序背出路两边的标牌名称，再倒着背一遍。还有许多人能够记住大量的外语单词，以及大量的方言和少数民族的语言，背诵荷马、贺拉斯和维吉尔等人的作品。

历史学家尼布尔[②]曾经受雇于一个政府办公室，该办公室的档案资料被销毁了。于是，他凭借记忆恢复了档案中的

① 托马斯·富勒，非洲裔美国奴隶。1724年，年仅14岁的非洲人托马斯·富勒因解决复杂数学问题的非凡能力而被称为“弗吉尼亚计算器”。有人问他一年半有多少秒，他在大约两分钟内回答，47304000；再一次问他一个70岁17天12小时大的人活了多少秒，他在一分半钟内回答了2209032000。

② 尼布尔，德国历史学家。他被认为是现代历史学的奠基人之一，尤其是在古代罗马史方面做出了重要贡献。

全部内容。阿萨·格雷[①]知道超过两万种植物的名字。

弥尔顿的词汇量超过两万，莎士比亚的词汇量则达到两万五千。

居维叶[②]和阿加西[③]已经记住了几千个动物物种。

佛罗伦萨的图书馆馆长马格利阿贝奇，知道他负责的大型图书馆中每一卷书的位置；还知道所有其他大型图书馆中某类作品的完整清单。他曾声称，他能够记住超过50万本语种不同、领域不同的书的标题。

几乎在各行各业都能找到记忆力超凡的人。他们的记忆力和他们的本职工作是紧密结合、共同发展的。为了记住图书馆的藏书，图书馆员才会有这么好的记性。从事精细制造的熟练工人，也会牢牢记住自己制造的微小部件。银行职员

---

① 阿萨·格雷，美国著名的植物学家，被誉为“美国植物学之父”。他毕业于耶鲁大学，在植物地理学和植物分类学方面都有建树，木藜芦毒素的英文名就是用他的姓氏命名的。

② 乔治·居维叶，法国博物学家和解剖学家，被誉为古生物学之父。他对动物分类学、解剖学和古生物学的贡献极为重要，其研究成果对生物学的发展产生了深远的影响。

③ 路易斯·阿加西，著名的瑞士美籍生物学家和地质学家。他在生物学、古生物学和冰川学方面做出了杰出的贡献。

往往善于记忆人名和人脸。一些律师在多年以后还能回想起曾经经手的案子。表演行业中需要用到记忆力的地方更多，表演者不仅需要记住正在上演的剧中的台词，还要记住接下来一两周要排练的内容。演员们甚至要一字不差地背诵多个剧目的台词。

上面的有些案例确实展现了超乎常人的记忆力，但在大部分例子中，人们是通过感性记忆法培养记忆力，并坚持练习，才最终取得这样的结果。只要有足够的耐心和恒久的努力，任何人都可以获得优秀的记忆力。记忆力绝非天赐，它是可以通过科学的方法取得的。

02 记忆力的原理

意志力的奇迹：让潜意识为你工作

▷ 1. 记忆力的系统

当一个人想要回忆起什么的时候，唯一要做的是在脑海里想象那栋建筑，然后逐个房间搜索，把需要的东西找出来。

从任何一个方面来说，记忆力的发展都不是新话题了。人们对这个问题的思考，已有两千多年的历史。

为了训练记忆力，许多书籍横空出世，也有不少方法被创造出来。为了提高记忆力，人们挖空心思，建立了不少千奇百怪的系统，有些系统管用，有些系统却很荒唐，会导致人们回忆和回想的自然能力下降。如果把这些“系统”从那些冗杂烦琐的规则和条例中分离出来，它们就能在感性记忆法中发挥作用。

我们一起来看一些历史上主要的系统，以便取其精华，弃其糟粕。

当然，在记忆的过程中运用联想能力，是一条重要的技巧，甚至形成了自然记忆训练中非常有用的一部分。

但是如果你过度运用这种方法，就会对记忆起不到帮助作用，效果适得其反，就好像在用假肢替代一条好腿。

西摩尼得斯①的方法是基于位置分布创造出来的，被称为“轨迹记忆法”。西摩尼得斯让学生在脑海中想象如何“解剖”一栋大楼：先是分成几大块，再进一步分解成一个个房间。要记住的东西被存放在这栋建筑里，根据联想和相似性进行分组。当一个人想要回忆起什么的时候，唯一要做的是在脑海里想象那栋建筑，然后逐个房间搜索，把需要的

① 西摩尼得斯，古希腊哲学家、科学家、诗人、医生和音乐家。他是古希腊学派的一员，也被认为是古希腊科学史上最重要的人物之一。

东西找出来。希腊人非常欣赏这个方法，并创造出了很多变体。

很多现代的记忆系统都是在西摩尼得斯的基础上架设起来的，甚至有人借此收取高额学费，售卖所谓的“秘诀”。下文中大卫·凯所说的话点明了很多高价记忆课程的“秘诀”：“想象一个房间，然后把它的墙和地板9等分——三行三列。在与入口相对的那面墙上，是1至9；右边的墙上是11至19；左边是21至29；第4面是31至39；地板上是41至49。数字10、20、30和40则分别在它们对应的墙的墙根处，50则在房间的正中间。这样，一个房间中就会有50个小部分，10个房间就会有500个小部分。把这些牢牢记住，要到可以随时说出每个数字所在方位的程度，然后把它们和相似的物品或符号联系起来。如此一来，你就可以一直记得这个物品在脑海中所处的位置，或者一想到这个位置时，就会自动想起这个物品。当完成这一切后，可以按照任何顺序从头到尾检查这些物品，或者立即给出任一物品的位置。接下来，将我们要记住的想法和不同位置的物品对应起来。如此，这些想法就会很容易被记住，然后可以按任意顺序再次回想起来。通过这样的方法，一个人可以学会在仅听一遍之后，就

① 选择熟悉的地方

选一个你只要闭上眼睛就能身临其境的地方，让你的记忆轻而易举地在其中漫步。

② 设定路线

为自己在“记忆宫殿”里设定一条路线，想象你正从这条路线上穿过这个地方，一边走一边设定一些“记忆槽”。

（图注：若阿内斯·罗伯希在1533年撰写的《记忆的艺术》中使用了这张图，这是当时的“记忆宫殿”。）

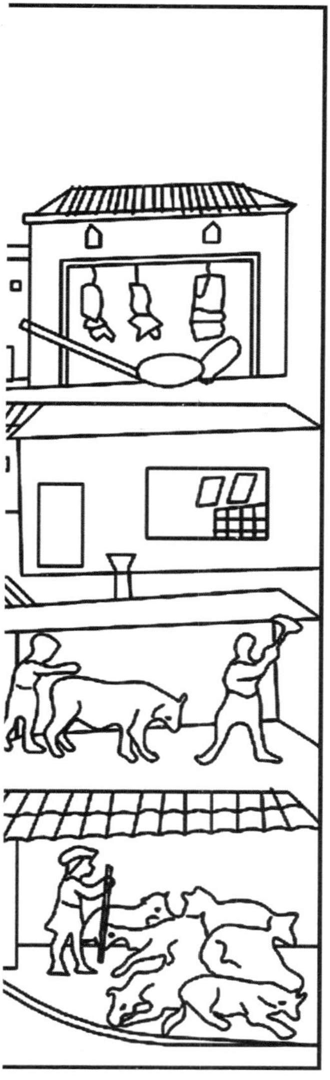

④ 参观记忆宫殿

重复刚才选定的路线，从出发开始，到最终结束的位置，让需要记忆的事物一一浮现。

③ 联系内容和“记忆槽”

把每个“记忆槽”和需要记住的要素一一对应，加以结合。

一次性记下几百个毫无关联的词汇或想法。”

我们没必要去深究这个记忆系统的本质。虽然依靠“位置”来组合相关的事实或想法可能会带来好处，但让它在日常生活中被广泛运用，则是无稽之谈。

本书不教授任何为了炫技的记忆方法。相反，我们更希望能提升读者接受信息的能力，以及随时提取记忆的能力。通过科学的方法，提升记忆力在读者的日常生活和工作中的应用程度。

▷ 2. 潜意识世界

各种印象之间的关联，就好像检索档案的“索引”。索引越多，就越容易提取。

在人类的精神世界中，有一片在意识之外的广泛区域，这就是潜意识的领地。整个记忆的工作，都是在潜意识领域完成的。那些曾被记住的想法和事物从潜意识中浮现，出现在意识领域中，才会产生回忆或回想。

了解了这一事实，记忆就变得简单了起来。我们可以用自身的意识来指导潜意识的活动，使记忆力得到培养和发展。

赫林说："记忆力不仅仅是我们意识领域的精神能力，而是更多地属于潜意识。"

凯说："没有谁能完全理解记忆力的本质，也没有谁能掌握完全正确的训练方法，除非我们明确地知道，在精神世界中存在着一大片无意识的领域……记忆力的最高级形式，和其他所有精神力量一样，都是无意识的——当回忆自发涌出的时候，我们并不需要去下意识搜寻。很多时候，我们不能依靠自身的意识或意志，来回忆起以前在脑海中出现过的东西；但当我们把注意力转移一段时间后，再不自觉地想到它时，想要记起的信息就会自动出现。"

卡彭特[①]说："在意识下面有一个机制在工作，一旦启动，它就会自行运行。而当意识活动朝着一个完全不同的方向运转时，它更有可能发展出我们想要的结果。"

---

① 爱德华·卡彭特，英国诗人、哲学家。

潜意识是存储人们所有经验和知识的载体。现在的权威人士普遍认为，无论印象多么细微，也不可能完全将经验和知识遗忘，只是因为缺乏相关的“索引”而无法回忆起来或记住而已。

凯说：“曾经出现在意识面前的每一个印象或思想，都会在脑海中留下痕迹。它可能再也不会回到意识领域，但它无疑会留在广阔的‘意识之外’，塑造着我们的思想和行动。在精神世界中，能够被我们意识捕捉到的只是一小部分，总有许多东西被无意识藏在了脑海中的某处。我们可能能够有意地将它们召回到意识中；但在其他时候，我们都意识不到它们的存在。另外，每个人都能凭借经验感觉到，自己的脑海中存在着很多似乎无法回想起来的东西。哪怕我们很努力地去回忆，却会在某个时刻不经意地出现在脑中的东西。同样，还有很多平时根本不会记得的东西，也能在他人的提醒下重新想起来。在这样的情况下，一定有很多东西在我们意识到之前就在脑海中留下了痕迹。”

莫雷尔说：“我们完全有理由相信，精神上的东西一旦进入存在，就会像物质一样永恒。在精神世界中的每一次努力都是一次创造。这些创造的产物永远不会再回到虚无。

它们可能会沉睡在被遗忘的深处，就像光和热沉睡在煤层的深处一样。但它就在那里，一直准备着，直到遇到适当的刺激，再次从黑暗中走出，来到意识的光明中。”

比蒂说：“那些被遗忘已久的东西，或者说我们费力回忆却回忆不起来的东西，有时候会在不经意间突然出现，甚至可以说，它们会自己出现。”

汉密尔顿[①]说：“人脑中经常保存着整个知识体系，尽管在我们的正常状态下，它们可能已经被淡化，被遗忘，但在某些不正常的状态下——如疯狂、谵妄、昏睡、催眠等——会闪现在意识之中。举例来说，在某些情况下，人们可能会突然重获已经丧失的语言记忆。”

莱基说：“能确定的是，许多被完全遗忘的东西，是无法用任何提示或依靠意志力来唤醒的。但它们是嵌在记忆里的，在特定条件下可能会产生强烈而生动的再现。”

为了证明以上观点，专家们给出了许多文献记载的例

---

① 亚历山大·汉密尔顿，美国政治家、思想家。

子。柯勒律治[①]讲述了一个著名案例：一名不能读写的老妇人，在发烧谵妄的状态下，不停地用夸张的语调背诵长篇拉丁文、希腊文和希伯来文的文章，且发音清晰，表达准确。她的呓语被记录下来，让很多人都感到疑惑。后来发现这位老妇人年轻时曾在一户人家中当仆人。这家主人喜欢在书房里来回走动，并大声朗读自己喜欢的作品。人们在主人的书中找到了大量与这个老妇人的呓语重合的段落。

老妇人年轻时听到的音节已经储存在了潜意识里，但在正常状态下，她完全不会回想起这些东西，而是在发烧谵妄的时候回忆了起来。

凯观察到："假如头脑中每个曾经出现的想法都被保留，那么我们就能明白一些令人迷惑的精神现象。由此，我们也可以得出一个结论——记忆力几乎是无限的。可以肯定的是，假如我们能够进入精神世界的深处，将会在那里找到

---

① 柯勒律治，英国浪漫主义时期的诗人、评论家和哲学家。他出生于1772年，逝世于1834年，被誉为英国浪漫主义文学运动的先驱之一。他的诗歌作品涵盖了广泛的主题，包括自然、爱情、神秘主义和超自然现象等。

过去每一个想法，每一次思考以及做过的每一件事的痕迹。这所有的一切都影响着我们，影响我们知识体系的构建，影响我们每一次行动。但是，假如它们一直在脑海中存续，我们又是否能够将其中一部分召回到意识中呢？”

由此可以这样说，精神世界中广大的潜意识领域——这个记忆力的区域——可以被认为是一个庞大的档案室，拥有着复杂的索引系统。

除此之外，我们的大脑里还有一个“档案室”，这个档案室只存储我们刻意去记忆的东西，里面有很多负责进行档案整理查找的“办公小人”。我们不能指望脑海里的“办公小人”提供他们没经手过的档案。

所以，记忆的深度和清晰度取决于注意力的强度。各种印象之间的关联，就好像检索档案的“索引”，索引越多，或者关于那个想法的联想越多，在需要的时候就越容易提取。

当然，你只有不断练习，才能让这些记忆档案室里的“办公小人”成为“专业人士”，迅速地将你需要的信息查找出来。

如果你自己由于注意力不集中而造成记录模糊，他们就会束手无策，即使成功找到记录，也难以破译。如果你愿意和这些记忆档案室的“办公小人”一起工作，那么你将会在后面的几个章节中获益。他们为你做着艰苦的工作，帮你收拾由于疏忽和粗心而造成的残局。

所以，要好好对待这些“小人”，如果你支持他们，鼓励他们，他们就会自愿为你加班。

（图注：我们脑海中的“办公小人”。）

▷ 3. 注意力

你必须想办法让自己产生一种必须记住记忆对象的强烈愿望。

前面我们讲了潜意识对记忆力的作用。如果我们一开始就能在潜意识区域有意识地把需要记住的东西保存下来，那么日后就能更容易地回忆起这个东西。

那么，如何才能把某物保留在潜意识当中呢？首先就要刻意培养自己的注意力。记忆专家们是这么说的。

塔珀[①]说："记忆力是注意力之子，是智慧之母。"

洛厄尔[②]说："注意力是构成记忆的东西，而记忆力是累积的天才。"

洛克说："当一个想法被注意到，且能够被记忆力记录下来，那么它就是注意力。"

正如这些权威人士所说，潜意识就好像一个巨大的储存室，里面保存着许多模糊的印象。这些模糊的印象是不能直接取用的，你需要为这个储存室建立一个"档案索引系统"。这个时候，注意力的重要性就体现出来了。

如果你在记忆之初，就投入了一定的注意力，那么你获得的印象就是清晰而深刻的，这样等到你想要提取这些记忆

---

① 马丁·法夸尔·塔珀，英国诗人、作家和神学家。他的诗歌和散文作品涵盖了广泛的主题，包括宗教、道德、人生哲学和自然景观等。

② 帕西瓦尔·洛厄尔，美国天文学家和数学家，被称为"行星猎人"的代表人物之一。他的主要成就是促成了冥王星的发现。洛厄尔是一位出色的观察者和细致的记录者。他在研究行星和卫星的轨道、质量和构成时，通过观察光度变化来计算天体的大小和距离。他在观察天体时能够快速准确地记录下来，以便在之后的分析和研究中使用。这种精确记录的能力是他在发现新行星和研究宇宙中其他天体时的关键因素，也是他成为一位杰出天文学家的重要原因之一。

的时候也会比较容易。反之，如果一开始注意力比较涣散，留下的印象就会模糊。

造成注意力涣散的最普遍的原因，就是缺乏兴趣。有了兴趣，再投入注意力就容易了。这种由兴趣产生的记忆力叫作“非自主性注意力”，不需要付出额外的努力。

还有一种自主性注意力，需要你调动意志力，把注意力投射到记忆对象上。这种记忆行为需要强大的意志力和坚韧的性格，非得通过后天的勤学苦练来获得不可。

这个过程一开始很枯燥，不过只要你坚持下去，后面就

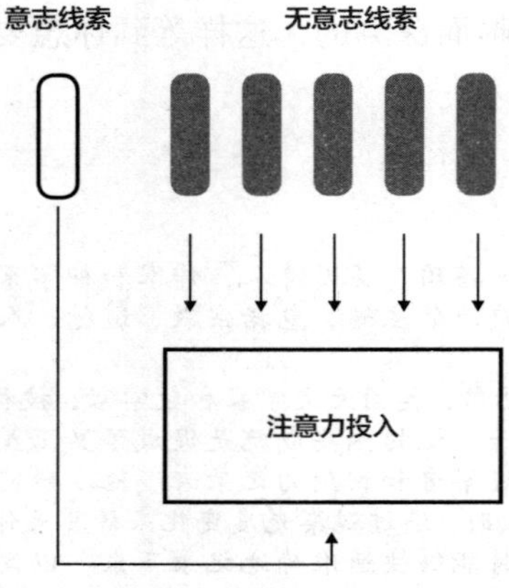

（图注：“非自主性注意力”的运作方式。）

会越来越容易。心理学上有个词叫“曝光效应”，指的是在你面前出现频率越高的东西，越容易获得你的好感。

也许你本来对一门课并无好感，甚至觉得它十分乏味，但只要你看得多，时间长了，就会慢慢地对它产生好感。

正如哈勒克所说：“虽说注意力不会牢牢地抓住一个无趣的东西，但我们也不要忘记，任何不肤浅、有恒心的人都会很快在各种事物中找到有趣的部分。成熟的思想彰显了他们的优越，因为他们能够把注意力放在平平无奇的牡蛎身上，最终找到珍珠。当一个事物失去其原有的吸引力时，思想成熟者可以在其身上找到新的兴趣点。天才的本质是以新的方式呈现旧的事物，无论是借助自然力量还是人为力量。”

培养自己的注意力当然是个艰苦的过程，其先决条件是培养自己的意志和决心。你要告诉自己，自主性注意力的形成非常重要。这一步比我们实际想象的要难。因为你必须想办法让自己产生一种必须记住记忆对象的强烈愿望，由此对曾经毫无吸引力的学习材料产生兴趣。

在整个过程中，你必须保持坚定的意志力，直到自己真正喜欢上这门功课。

比如有些同学会觉得经济学原理枯燥，是因为你给了自己“经济学原本就很枯燥”这样的暗示。在“锚定效应”的影响下，你会在学习过程中不断寻找“经济学枯燥”的证明，最后你当然会发现经济学是枯燥的。

建议你一定要把注意力真正投入到记忆对象上，不断地揣摩它、观察它，可以加入一些自己的联想，直到可以说出一些关于它的细节为止。虽然这很无聊，但你必须坚持。

刚开始的时候，不要一次性练习太长时间，一旦感到厌烦或者疲倦，可以适当休息后再行练习。很快你就会发现这件事情越来越简单，甚至会对这项任务产生兴趣。

就拿这本书当作例子吧。如果你想要记住它，可以先浏览一下，数数它的页数和章节，看看每个章节有多少页，观察一下书中的字体和页眉、页脚，这样你就可以向另一个人全面介绍书中的小细节。虽然这件事和书的内容无关，一开始也很无趣，但这么做了之后，你就会在过程中找到趣味，也会惊喜于自己竟然能留意到这么多细节。

如果你实在对需要记忆的事情没兴趣，还可以试试看这个方法：想象一下，你学习不是为了你自己。在脑海中幻想出一个你最关心的朋友，你现在所做的一切，是为了把需要学习的东西记住，以便讲给这位朋友听。这样做，能把你原本漠不关心的记忆内容，增添上许多感情色彩，从而调动注意力的积极参与。

对于“让潜意识为你工作”的三条法则，查尔斯·利兰的说法可以佐证（尽管他的本意是用来证明其他观点的）：“按照我的理解，对于我们即将从事的任务来说，冲动和意志很重要。用一个有趣的物理现象①来说明。如果你想把一支箭射得更远，仅仅把弓拉到最大是不够的。娴熟的弓箭手会在弓箭即将飞走的那一刻迅速推一下弓，让箭飞得更远。想要把一件事做得更好，不仅要预先想好应该怎样做，而且应该在真正做事情之前重新明确这个意愿，给自己做出指令。”

永远要记住，先有感知，才会有回忆和回想；只有集中

---

① 描述这一物理现象的公式是$F=ma$，其中F表示力，m表示质量，a表示加速度，这个公式的含义是，物体的加速度与所受的合外力成正比，与物体的质量成反比。

注意力，才会获得感知——注意力越集中，感知就越清晰和深刻。

在前面的章节中我们已经看到，要记住一件事情，必须先在头脑中留下清晰的印象。而为了获得清晰的印象，必须集中注意力。

但是当开始进行回忆或回想时，另一重要能力就开始起作用了，这就是联想能力。联想的作用类似于一本书或一个系统的目录索引，目的是方便找到被归档的东西。

▷ 4. 联想

脑海中与记忆对象联系的事物越多，回想起来的可能性就越大。

一般来说，脑海中与记忆对象联系的事物越多，回想起来的可能性就越大。每一次记忆行为都涉及这两个过程：先对一个事物产生印象，然后进行联想。不形成清晰的印象，我们的回想就会模糊，会出现错误；不与其他事物产生联想，则可能没办法回想起来。

所有的权威人士都承认与记忆有关的联想法则的重要性。里博[①]说："调节心理现象的最基本法则是联想法则。就其全面性而言，它可以与物理学中的万有引力相媲美。"

记忆和联想之间的关系是如此紧密，以至于有人认为所有现象都可以被联想法则解释。联想将我们的各种想法联系起来，从而以一定的顺序呈现在头脑中；但前提是脑海中要有这些想法存在。换句话说，我们首先要有保留知识的能力。

另一方面，很显然，如果没有联想法则，我们保留并识别想法的能力将毫无用处；因为我们最重要的知识可能仍隐藏在头脑中。

---

① 泰奥迪尔-阿尔芒·里博，法国心理学家，被称为"法国心理学之父"。他的研究贡献涵盖了多个心理学领域，其中包括关于记忆力的研究。在关于记忆力的研究中，里博提出了著名的"遗忘法则"，越是新近识记的事物遗忘越快，遗忘的发展总是由最近发生的事逐渐过渡到很久之前发生的事。里博还发现，情感因素对记忆的影响非常重要。他认为，情感体验可以帮助人们更好地记忆和理解信息。例如，人们通常更容易记住与他们自己相关的经历，或者与情感体验强烈的事件相关的信息。这一理论被称为"情感联系原则"。

我们的记忆是网状连接的，每一个记忆点都是思想链上的一环，与其他部分环环相扣。而思想链就是靠联想连接起来的。联想有两种：一种是连续性联想，另一种是相似性联想。在连续性联想中，记忆点之间是顺序关系；在相似性联想中，记忆点之间是类似关系。

通过连续性联想，一起或连续出现在脑海中的感觉或想法往往会结合在一起，这是自然而然的。

这样一来，我们就可以通过一个想法回想起与之连续的另一个。比如，当我们读到或听到句子里第5个词的时候，脑海中其实还留存着第4个词。

连续性联想可以分成两个小类，时间的连续性和空间的连续性。时间的连续性是指，人们在记忆时更倾向于按照接收到的顺序来回想事物，即第一个印象暗示第二个，第二个再提示第三个，以此类推。

对词句的记忆依靠的就是这种连续性联想。有些人可以非常轻松地从头到尾复述长诗，却不能从中间开始背诵特定的句子，就是因为这个原因。

空间的连续性通过位置来体现。因此，通过记住与某一特定事物的位置有关的事情，就能够回想起该事物。这也是很多“空间记忆法”的原理。我们在前面章节所读到的一些记忆系统，正是基于这一规律构建的。

如果回忆一下你曾经去过的房子，你会发现自己按照相对位置的顺序或空间的连续性记住了一个又一个物体，从而能够逛遍每个房间，回想起每个房间中的物品。

综上所述，将自己的印象与前后联系起来是非常重要的。我们的印象结合得越紧密，回忆起它们就会越容易。我们应该努力使脑海中的印象与时间和空间上的其他印象相联系。脑中与特定事物相关的每一件其他事物，都是记忆“散落的零部件”。一旦抓住了这些“零部件”，它们就会将我们引向想要回想起的事物。

而相似性联想是将同类的印象联系在一起，不分时间和空间。联想的基本原理是，当注意力集中在某一事实上时，这个事实必然与之前我们已经知道的某些事实相关。这些相似物可能在时空上相隔甚远，但它们依靠彼此的相似性而产生关联。比如，现在发生的事情可能会让人想起在另外的时间、另外的地点发生的类似情况。

正确的相似性联想习惯是根据事实的真实关系，在头脑中建立联系，是提高记忆力的主要手段之一。记忆对象之间的相似性越高，或者在它们之间建立的关系越多，记住这个对象就越容易。一些专家在自己的专业领域表现出惊人的记忆力，也是因为这个原因。

我们能够在脑海中建立的最强烈的联系，是把连续性联想和相似性联想融合起来。连贯起来的想法哪怕很多，也不会让你的大脑超负荷，而根据相似性原则联系在一起的事物，则能让我们的大脑储存更多的信息。

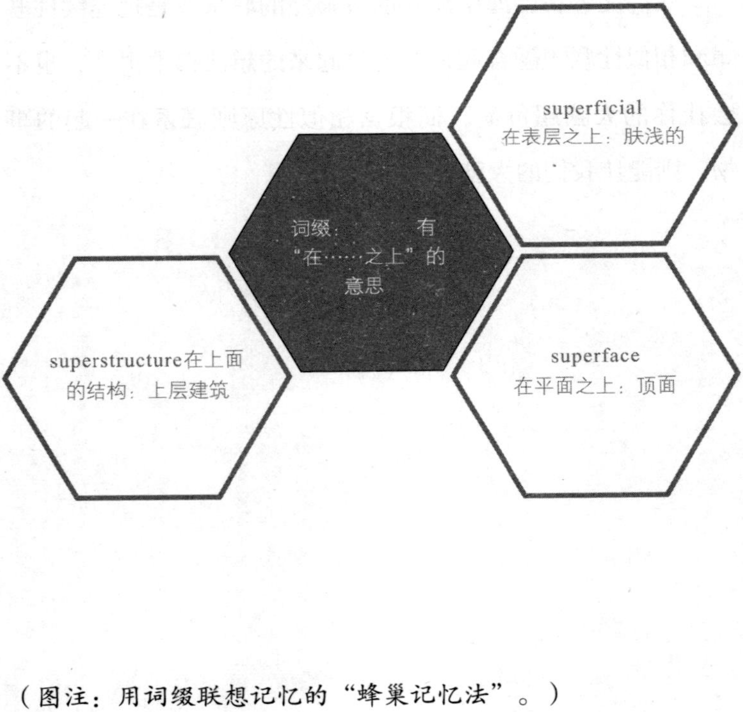

（图注：用词缀联想记忆的"蜂巢记忆法"。）

03 记忆的关键点

感觉的烙印：用清晰输入打开记忆之门

▷ 1. 记忆力的几个阶段

将较弱的印象附在较强的印象上，可以让前者更容易记忆。

我们在前面已经论及了记忆力的两个阶段，一是投入注意力的阶段，二是联想阶段。所以，不要武断地给自己下判断，认为自己的记忆力是“好”或者“不好”。

不排除存在这样一种现象：有些人的记忆力在某些阶段很发达，而某些阶段则比较薄弱。比如，有的人非常擅长记忆人脸，但却记不住面孔对应的名字；有的人能够记住日期、数字，但记不住其他形式的东西；有的人能记住事件和绯闻，但又忘记别的东西……每个人都可能在记忆的某些阶段表现良好，而另一些阶段则有所欠缺。

总体上来说，记忆可以被分为两大类：一种是感性的印象，还有一种是理性的想法。

这种划分并不是固定的，因为我们的大脑会自动把感性的印象组合成理性的想法，而理性的想法又会潜在影响感性的印象。但为了下文论述的方便，我们姑且把这两种类型的记忆分开讨论。

一般来说，感性印象的来源分为5种，包括视觉、听觉、味觉、触觉和嗅觉，其中最主要的是视觉和听觉这两种。

而从味觉、触觉和嗅觉中获得的印象相对较浅，除了某些特殊领域的专家，他们的职业要求他们要有细腻的味觉、触觉和嗅觉，例如品酒师和品茶师，他们能够区分各种品级的酒或茶，并说出其中的差别。

但是，这些通过视觉和听觉获得的感官印象，或多或少都是不由自主地接收到的，接受这些信息只耗费了很少的注意力。这些感官印象或多或少都是模糊不清的，以这种方式接收到的感官印象，与我们通过主动投入注意力来记住的印象有很大区别。

想要在感官记忆的过程中主动投入注意力，可以有意识地把几种感官印象结合起来。

如前所述，我们的潜意识仓库中，来自视觉的感官印象是最多的。我们无时无刻不在锻炼自己的视觉，每小时接收成千上万种不同的视觉印象。

当我们回忆一些重要的事情时，会发现连带着想起许多模糊的视觉印象。也许我们做梦都不会想到自己竟然还保留着这些视觉印象。

因此，视觉印象是感官印象里最重要的。

但是，如果储存记忆的时候不投入关注和兴趣，这些印象就会变得非常模糊。所以我们在投入注意力的时候，应该对视觉感官多加重视。

相比视觉印象，听觉印象排在第二位。我们的记忆中储存了大量的听觉印象，可以把视觉印象和听觉印象结合起来。

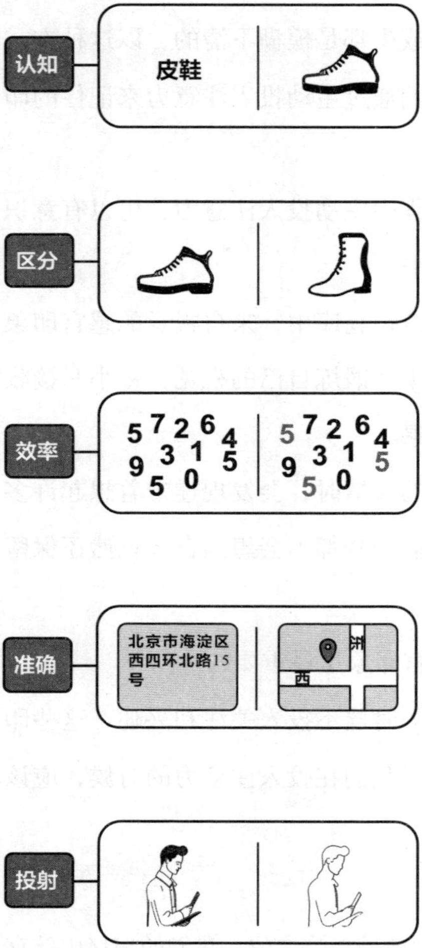

认知 有些没见过的事物，用图片呈现更为清楚。

区分 需要快速区分的事物，用图片可以迅速识别。

效率 用颜色标志的信息，能提高阅读效率。

准确 眼睛看到的信息比语言描述更准。

投射 视觉简化后的信息更容易让人产生代入感，方便记忆。

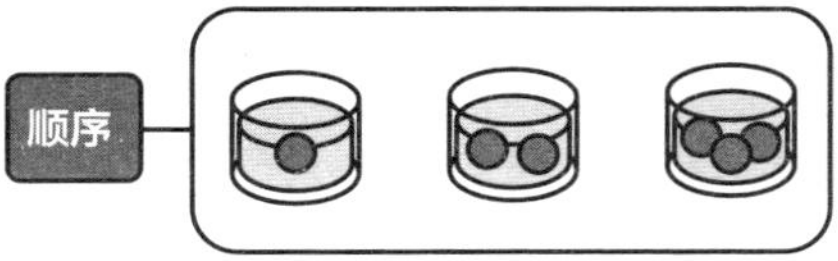

顺序 视觉信息更容易记忆事情发生的顺序。

节奏 视觉信息帮助人们了解、记忆事情的节奏。

例如，在背诵单词的时候，如果不仅能注意到各个字母的形状，还能注意到单词的发音，然后将这两种不同的感官记忆一起储存在大脑中。这样记单词的效率会更高。

将较弱的印象附在较强的印象上，也可以让前者更容易记忆。例如，如果你视觉记忆好，但听觉记忆差，那么你就可以将听觉印象附加到视觉印象上，反之亦然。

在听课笔记中增添一些色彩，用不同的颜色加以标记，就可以让课堂内容变得更容易记忆，也是因为这个道理。传说拿破仑·波拿巴[①]记忆力超群，他并不满足于仅仅用耳朵听到名字，他还会把它写下来，直到产生了视觉记忆和听觉记忆之后，再把纸扔掉。

其他如触觉、嗅觉、味觉感官，在记忆中所占比例不高，但仍旧是不可或缺的。诚然，一个人肯定会根据其兴趣和职业的日常需要来发展他的记忆力。但是，他也应该在记忆力的其他领域进行锻炼，这样才不至于“偏科”。

一些仅在记忆中占小部分分量的感官印象，有可能反而十分重要。

比如，我们能够看到西瓜是绿色的，呈椭圆形。但对挑

---

① 拿破仑·波拿巴，法国的军事家、政治家和统治者，他对欧洲历史产生了深远的影响。虽然他没有直接涉及记忆力的研究，但是他的优秀记忆力在历史上广为人知。
据传说，拿破仑在军事行动中非常善于记忆地形和地图，他能够准确地记住每一条道路、每一座山峰、每一个城镇，甚至连道路上的每一棵树都能清晰地在他的脑海中勾勒出来。在一次战斗中，他被困在一座城堡里，但他利用他对城堡结构的记忆，在黑暗中成功地找到了一条逃生路线。此外，拿破仑也擅长记忆人名和面孔，他能够迅速地辨认出他所见过的人，并记住他们的姓名和出生地。
拿破仑的出色记忆力是他在军事领域和政治领域中取得成功的重要因素之一。

选者来说，这反而是西瓜最不重要的特征。我们走进瓜田，通过轻拍西瓜的声音，来判断它是否成熟。会挑西瓜的人必须记住成熟西瓜所发出的声响和振动，这样才能把最好的瓜挑出来。我们的双手抚摸西瓜，记住的是我们对它的触觉感知。我们切开它，品尝它，记住的是它的香气和味道。所有这些来自不同感官的信息一起形成一幅完整的记忆图像。

记忆力的另一个分类理性的想法，包括对事实、事件、思想、推理思路的记忆。理性的想法比感性的印象要高级，这种形式的记忆伴随着更高层次的智力活动，并在很大程度上构成了真正的教育——它让我们具备思考能力，而非照本宣科，死记硬背。

一般来说，我们不需要对记忆力的“强项”投入过多的注意力，而应该有意识地锻炼记忆力的“弱项”，需要在这片记忆薄弱的区域上耕土施肥，种下印象的种子，这样才能在未来获得丰收。

在记忆力中，没有任何阶段和领域是不能通过努力来得到发展的。只要我们去实践、去练习、去努力，就会得到丰厚的奖赏。许多人都认为自己的记忆力不好，但补救的办法就掌握在自己手中。只要按照本书所教导的方法努力练习，每位读者都可以收获良好的记忆力。

▷ 2. 训练你的眼睛

想要靠感知来实现快速记忆的效果，就必须要动用自己的意志。

只有在投入注意力下使用你的眼睛，记忆力才能够将视觉印象储存起来。

当我们看见一样东西的时候，我们以为自己看到了。但实际上我们只是一瞥而过，并没有在自己的潜意识中留下太多深刻清晰的印象。

当我们看见一样东西的时候，以为自己看到了。但实际上我们只是一瞥而过，并没有在自己的潜意识中留下太多深刻清晰的印象。

曾有研究者在15个孩子面前展示了一头牛的图片。然后，他把牛的图片收走，问："你们还记不记得，牛的耳朵在什么位置？是在角的前面还是后面？"

只有两个农村的孩子答了出来，因为他们曾经抓住牛角制服过牛，在这个过程中曾经对牛角和牛耳的位置投入过注意力。

但下面这个问题，就连这两个知道牛耳位置的孩子也被难住了：牛或者马，趴下之后再站起来，是先动前脚还是先动后脚？在日常生活中，大家几乎不关注这件事，所以都沉默了。

由此可见，视网膜接收到的图像不一定会留在我们的记忆里。想要靠感知来实现快速记忆的效果，就必须要动用自己的意志，将注意力集中在感官印象上。

有一种训练方法，被称作"胡丁记忆法"，是法国"现代魔术之父”罗伯特·胡丁[1]发明的。“胡丁记忆法”非常简单：在路过商店橱窗的时候往里面看一眼，然后凭借这一眼的印象，把橱窗里面的物品名称一条条写下来。

一般人一开始能记住两三件物品的名称就不错了，但一天天地训练下去，你会发现自己记住的东西越来越多，而你的感知能力和观察能力也在提高。到最后，甚至你只需一瞥，就能记住橱窗里的每个东西，连最小的摆设也不会忘记。

无独有偶，印度人也用“视力游戏”来训练孩子。这个游戏的玩法是把一些小物件放在孩子们面前，让他们看一

---

① 罗伯特·胡丁，法国著名魔术师、发明家和自动机制表演者，被誉为现代魔术之父。在他的表演中，胡丁利用精巧的机关和道具模拟超自然现象，如幻觉、消失和出现等。他是第一批使用现代道具和舞台效果的魔术师之一，如灯光、音响、幕布等，这些元素被认为是现代舞台魔术的基础。胡丁也是一位杰出的记忆力研究者，他在其著作《记忆力的魔法》中详细介绍了一些记忆技巧和训练方法。其中最著名的是“胡丁桶”方法，他将一些物品放入桶中，然后让观众随意选出一个物品，最后他能够准确地说出观众选择的物品。这种方法基于“联系记忆”原理，即将需要记忆的信息与已知信息联系在一起，从而提高记忆的效果。胡丁的记忆技巧和方法被广泛应用于各个领域，如学生学习、业务员销售和演讲家演讲等。

看，然后拿走。

主持人让孩子们比赛写出看到的物品的名称。这个记忆游戏会一轮一轮增加物品的数量，一轮轮淘汰参赛者，直到最后一个孩子胜出。

约瑟夫·吉卜林在《基姆》这部小说中，对这种记忆游戏有一段非常生动的描述：

“可是这怎么个玩法呢？”基姆问。

“你先数一数弄好后，把握全能记住，我就用这张纸盖住。然后你把计数结果告诉勒甘大人。我也写下我的计数。”

“好！”与生俱来的竞争本能被激活了。他俯身看着盘子，上头不过摆着十五颗宝石。“简单。”一分钟后他说。那孩子随即拿纸盖住闪闪发光的宝石，然后在一本软皮的本土式记账簿上写着。

“纸的下面有五颗蓝宝石——一颗大的，一颗小点，还有三颗小的，”基姆急匆匆地说，“有四颗绿宝石，其中一颗有个孔；有一颗透明的黄宝石，有一颗像烟斗杆。有两颗红宝石，还有——还有——我数过一共十五颗的，有两个我忘了。慢点！让我想想。一颗是象牙质的，很小，带一些褐色；还有——还有——让我想想……”

“一——二——”勒甘大人数到十。基姆摇摇头。

“听我的，”那小孩笑着插进话来，“先是有两颗裂缝青玉——我判断一颗两克拉，一颗四克拉。那颗四克拉的青玉边缘有凹口。有一颗土耳其斯坦松石，素色，上面有黑色的纹理，有两颗上面刻着字——一颗是镀上金的神的名字，另一颗有条横裂纹，是从一枚古老的戒指上取下来的，上面刻什么字我看不懂。其他还有五颗蓝宝石，四颗带裂缝的绿宝石，其中一颗钻了两个孔，另一颗稍微雕琢过——”

“它们都有多重？”勒甘大人不动声色地问。

“我判断是三克拉、五克拉、五克拉，还有四克拉。有一块古老的绿琥珀，一颗欧洲来的加工粗糙的黄玉。一颗缅甸红宝石，两克拉，没有瑕疵，另一颗玫红尖晶石，两克拉，有瑕疵。还有一件中国象牙雕，刻着老鼠偷吃蛋；最后，啊哈！一个豆子大的水晶球镶在金叶上。”

他说完还拍了拍手。

“你可要拜他为师了。”勒甘大人微笑着说。

“哼！他都叫得出宝石的名称，”基姆满脸通红。“再试试看！用他和我都认识的普通东西。”

他们从店铺，甚至从厨房拿来各种各样零碎东西堆在盘子里。每次都是印度小孩赢。最后基姆不得不称羡叹服。

“蒙住我的眼睛——我只要用手摸，也比你用眼睛看强。”他带着挑战的口吻说。

他果然不是吹牛。基姆气得直跺脚。

“要是换成人——或者马，”他说，“我就更拿手了。这些这套鸡零狗碎的小把把戏太小意思了。”

“先学——后教，”勒甘大人说。“他是你的老师吗？”“确实是。可怎么学呢？”

“只有反反复复地练习，才能做到百无一失——这可是值得一学的呀。”

后来这个方法被很多学校采用。老师在黑板上用粉笔点几个点，随即迅速擦掉，问孩子们这些点的数量是多少。留给孩子们的浏览时间很短，没有时间依次点出这些点的数量，孩子们需要利用第一时间的笼统印象，瞬间得出一个数值。

经过一段时间的练习，孩子们很快就能凭感觉记住黑板上有多少个粉笔点。

当然，这种记忆力训练法都需要遵循一个原则——循序渐进。要从少量的、简单的事物开始，由简到繁，由浅入深。

有些人会认为这种记忆训练枯燥乏味，缺乏实用性。实际上，利用感性统觉来观察和记忆，在很多场合都有其实用价值。

比如一个生意人进入竞争对手的商店，他在那里不可能待太长的时间，因此必须在短时间内记住竞品的特征。

一位演员，每天东奔西走地拍戏，能看其他演员表演的时间必定十分有限，那么他能注意到并记住多少表演细节，就成为他学习成长的关键。

如果对某事本身就有浓厚兴趣的人，那就可以省去枯燥的练习。正如老话所说："兴趣是最好的老师。"有了兴趣，记忆力自然而然也就随之提高了。比如，玩牌高手可以注意到并记住牌局中打出的每张牌，以及相应的出牌人。即使牌局一轮轮地进行，他们也不会把这些信息记错。逛商场的女人能看到并记住成千上万的服饰信息，而男人则两眼一抹黑，什么都记不住。

当然，大部分人面对的都是不感兴趣却一定要投注注意力的事情，那么，请记住这句话：任何能通过兴趣来激发的注意力，都能靠意志力获得。

换句话说，完成任务的渴望能够激发出与自然兴趣等效的内驱力。而且，在你进步的过程中，你还会对这项任务产生新的兴趣。

大多数人的问题是“看了”，却没有“看见”。看不等同于观察。如果你觉得自己总是“记不住”，很可能是因为你根本没有认真去关注。如果你愿意投入注意力，你将能改掉粗心的毛病。不要把所有问题归咎于自己记忆力，实际上，没有清晰的印象，又怎么会有良好的记忆呢?

请清空纷繁复杂的思绪，告诉自己：现在是时候坐端正、集中注意了。

为了记住眼前的事物，你必须学会用头脑去看，而不是单靠眼睛去看。让视觉印象超越视网膜，进入你的脑海。这样做之后，你将发现自己的记忆力能自己完成剩下的工作。

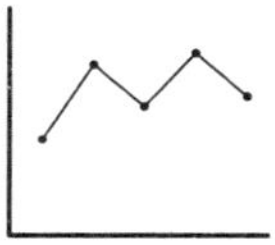

折 线 图

便于记忆事物的变化趋势

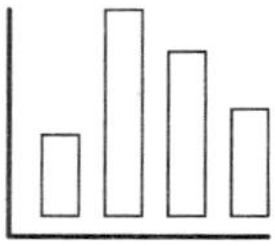

柱 形 图

便于比对分组数据的总量

饼 图

便于记忆比例

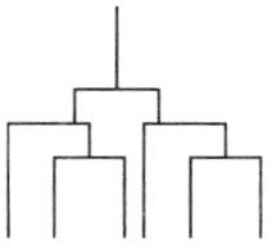

树 状 图

便于记忆逻辑结构

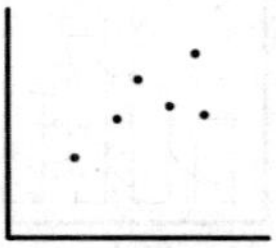

散点图

便于记忆各变量之间的关系

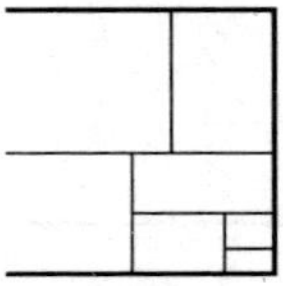

矩阵式树状图

便于记忆不同变量之间的关系

时间轴

便于记忆事物的发生顺序

面积图

便于比对不同数据的总量差异

（图注：以上是可以帮助记忆的各种思维模型。）

▷ 3. 训练你的耳朵

有些参加听力考试的同学抱怨自己听不到单词，实际这些人并不是“听力”差，而是注意力不够。

听觉是我们接收外界印象的高级感官之一。实际上，它几乎拥有和视觉一样的地位。触觉、嗅觉和味觉三种感官是物质分子与感觉神经直接接触产生的，而视觉和听觉则是通过接收波来形成的。

我们刚说过，要靠心灵而不是眼睛去看，同理，也要靠心灵而不是耳朵去听。许多传到我们耳朵里的声音并没有进入到我们的精神世界。

想象一下，当你在一条拥挤、繁华的街道上漫步，能听到很多嘈杂的声音——汽车的鸣笛声、行人的谈笑声、街边店里传出的音乐声。但你能真正“听到”的声音很少。这实际上还是兴趣和注意力的问题。

当一位作家在夏天的傍晚坐在乡村的一扇窗户旁，可能会有许多声音传入耳朵：时钟的嘀嗒声、风声、鸡鸣、鸭叫、狗吠、牛的低哞、孩子们玩闹的尖叫、树叶的沙沙声、鸟的歌唱、马车的隆隆声等。

这些声音谁都能听到，但只有当梭罗这样的作家，把注意力集中在其中一个方面，才能写出《瓦尔登湖》第4章《声音》这样的文字。

有些参加听力考试的同学抱怨自己听不到单词，实际这些人并不是“听力”差，而是注意力不够，缺乏对听觉的精神训练。

在同样是听力正常的情况下，我们会发现，有些人的“听力”比其他人好得多；有些人在听某些东西时比听其他东西要更“清楚”；人们对所听事物的记忆程度也有很大差异。其中的奥秘就在于对特定声音的兴趣和关注度。

事实上，投入兴趣和注意力之后，我们的头脑可以捕捉到最微弱的声音；那些令人缺乏兴趣和注意力的事物，则被忽略了。

只要孩子发出最轻微的哭声，熟睡的母亲就会醒来；而街上隆隆的车轮声，甚至是附近的鞭炮声，可能都没法把她吵醒。工程师能够分辨不同发动机声音之间最细微的差别，外界巨大的噪声他却未必注意得到。音乐会中出现哪怕最轻微的不和谐音，音乐家都会注意到，但观众的交谈声他可能却听不进去。银行职员每天经手大量的硬币，对那种金属的碰撞声极为熟悉，光靠耳朵就能分辨出哪枚钱币是假币。早期的蒸汽机火车司机，能从雷鸣般的火车运行声中听出混有杂音的火车呼啸声，这意味着火车出了故障。

由上可见，为了补救“听力不佳”，就要运用你的意志，向该事物投放兴趣和自主性注意力。

许多所谓的“空耳症”，实际上是听者注意力不集中、知识不充足导致的。也就是说，声音被听到了，但没被识别出来。人们常常因为注意力不集中而听不到别人对他们说的话。几乎人人都有这样的经历：他们清楚地听到了别人说话，但由于缺乏兴趣和注意力不集中，而无法理解其中的意思。如果我们补充相关知识，并把注意力集中在声音上后，就可以清楚地听到在一般情况下无法察觉的声音。

对于听觉，我们必须区分两个不同的方面：听觉感官本身和我们根据这种感官印象形成的概念。很多人记不住听过的事情，是因为他们没有用正确的方法去听。

当然，一个人不可能什么都听，而是应该养成这样的习惯——要么认真地倾听，要么完全不听。漫不经心地去听并不能带来好的结果，这也是这么多人“记不住”所听内容的真正原因。如果你觉得自己在听觉记忆力这方面有所欠缺，就必须培养兴趣，锻炼自主性注意力。

你可以试着记住别人对你说过的话，先从每次记上几句开始，再把记忆范围拓展到整场谈话。这种记忆谈话内容的努力，能让你把注意力集中在发言者所说的话上。你要告诉自己，你的记忆会像一张白纸般接纳这些印象，这些印象也会像金子般长久留存。这种心理暗示能带给你一种积极的力量。在街上行走时，听听你耳边传来的零星话语，并努力记住一两句话，晚些时候把这些话转述给你的朋友听。或者找人给你读一两句诗或散文，然后努力记住它们。慢慢地，你会发现原本你记不住的东西，现在就变得好记了。

这些小练习可以很好地培养你对声音和话语的自主性注意力，而且要记住复述你记住的声音和话语，这样可以培养大脑对声音印象的兴趣。这样一来，你不仅提高了自己的“听力”，也培养了自己对声音的记忆能力。

综上所述，要积极地锻炼和使用听觉能力，正所谓“用进废退”，如果你愿意好好去听，就会听得明白、记得清楚。

04　记忆的具体方法

理性的重建：编排记忆索引，有效提取信息

▷ 1. 记住人名

轻松地想起别人的名字是一种很好的能力，
能提升自己的交际水平。

记住人名对很多人来说，比记住书本上的知识还重要。当你在某个场合偶遇“熟人”，却发现完全想不起他的名字，这就太令人尴尬了。

因此，轻松地想起别人的名字是一种很好的能力，能提升自己的交际水平。

著名人际关系学大师戴尔·卡耐基[①]就是一位以善于记忆人名著称的人。

卡耐基这种记忆与尊敬朋友及同事名字的策略是他成为商界领袖的一大秘诀。他为自己能叫出许多工人的名字而感到自豪，并且自夸说，当他亲自管理的时候，从未发生过罢工之事。

戴尔·卡耐基还在《人性的弱点》一书中举出另一位企业家贝德茹斯基的例子。

贝德茹斯基也是如此，他的专职厨师一直被他称为“考伯先生”，这使那位厨师感到自己很重要。他曾15次周游美国，为热情的观众演奏。每次他乘专车旅行，都由同一厨师为他预备音乐会结束后的午夜餐。在那些年中，贝德茹斯基从未用美国普通的称呼叫他“乔治”。他一直传统地称他为“考伯先生”，而考伯先生也喜欢这样的称呼。

---

① 戴尔·卡耐基，美国著名的企业家、作家和演讲家，被誉为人际关系和领导力的权威。他最著名的作品是《人性的弱点》，这本书在出版后迅速成为畅销书，并被翻译成多种语言，在全球范围内影响了数百万人。

同样的例子还有很多。大多数成功人士都有记忆别人人名的超强能力。据说苏格拉底一年会有数千名学生，而他很轻松地就记住了所有学生的名字。

据说，色诺芬知道他每个士兵的名字，华盛顿和拿破仑也不例外；图拉真知道禁卫军（约12000人）中每个人的名字。

不过，像他们这样从不忘记名字的人极少，大多数人都或多或少有忘记别人名字的时候。

为什么记住人名比记住课本上的内容还难？关于这一点，人们曾经提出了许多理论和解释。

我的看法是，回忆姓名的困难来源于名字本身的无趣。姓名无法像我们见到的其他事物那样吸引或保持我们的注意力。

普通名词，例如“苹果”，一经提到我们就会回忆起苹果的样子、触感和滋味，我们能通过视觉、触觉、味觉等感官印象把“苹果”这个词回忆出来。但姓名属于专有名词。很多人是使用原始、枯燥乏味的重复的方法来记的。

因此，姓名在我们脑海中难以形成图像。

除此之外，人名难记还有一个原因。很多情况下，比如记课文内容的时候，我们可以通过大声朗读等方式，把视觉印象转化为听觉印象；但对于人名，我们却不方便在听到一个人的姓名时就立刻把听觉印象转化为视觉印象，仅凭听觉印象去记要难得多。

尽管困难重重，我们还是可以极大地提高自己记名字的能力。我曾经见过一位来自某个大城市的银行雇员，一开始，他记忆人名的能力极差，但现在他被同事们称为“从不忘记名字的人”。这位先生先是参加了一系列教授“秘诀”的课程，但后来他发现这些课程没有效果。于是，他开始从心理学的角度研究这个问题，将我所说的方法付诸实践，并在细节方面针对自己的情况加以调整。通过这种方式，他培养出了远超常人的记忆能力。

这位男士，我们姑且称他为“佚名先生”，决定要做的第一件事，是努力让自己接收的声音印象变得更加清晰。为此，他采用了我们在上一章里“训练你的耳朵”这一节中列出的计划。

他坚持不懈地循计划练习，直到自己的“听力”变得精确而敏锐；他研究声音，直到能够将它们分类并分析各自特点。然后他发现，自己能以一种前所未有的方式听到名字——他捕捉到的不是一个模糊的名字发音，而是清楚明白、切切实实地听到了，以至于在脑海中打上了烙印。

他还对名字加以联想和想象，在他的生命中，别人的名字第一次有了意义。他为听到的每一个名字赋予了一种内涵。如果遇到一个罕见的、不容易拼写的名字，他还会要求对方把它写给自己，让视觉印象与听觉印象相叠加，获得双重感官印象。

这一切做法都让他对人名的兴趣越来越浓厚，也把他的记忆能力推到了一个更高的层次。

由于记住一般数量的人名对佚名先生来说不再困难，他开始研究名字的词源学起源、特殊性、差异和相似点等等。他把记忆名字当作一种业余爱好，每看见一个新的人名，就像一个收藏家得到新藏品那般喜悦。他收集名字，就像别人收集甲虫、邮票和硬币等一样，并对自己的藏品和知识感到自豪。

他在图书馆阅读有关名字的书，了解不同的名字在词源学上有什么意义，并将这些名字加以归类。他发现有些名字（姓氏）来源于动物，并将它们归位一类——马、牛、熊、骆、龙等；有些名字被他用颜色归类——白、黄、蓝、金等；有些名字被他用鸟类的名字归类——燕、凤、鸠、雁等；有些名字被他用植物归类——花、柳、麦、栗等。还有起源于山川河流、街道名称以及身份地位的姓氏名字。

在这方面他几乎成了一个“怪人”。但他的爱好已经见到了成效。现在，他能够轻松地记起银行里所有老客户——顺带一提，这是一家大银行，客户的数量很多，他们都很高兴经理能叫出他们的名字。

偶尔，他也会遇到难记的名字。在这种情况下，他就会一直重复记忆这个名字，再写上好几遍，直到完全记住。

佚名先生总是会复述一个被提到的名字，同时仔细观察叫这个名字的人，好把人和名字一起印在脑海里。他还会将名字具象化，名字的字形会在他的脑海中变成一幅画。这是运用想象来辅助记忆。

除此之外，他还利用联想的方法将新人的人名和同名的老客户联系起来记忆。当佚名先生看到同名的新人时，就会想起老客户，同样叫这个名字的人就会在他的脑海中闪现。通过想象和联想，无聊的事情就变得有趣了。

虽然佚名先生的例子比较特殊，但如果你能从中获得启发，你也能在努力后取得类似的成果。研究名字、搜集名字，并对名字加以联想和想象，记住人名对你来说将不再是难事。

▷ 2. 记住人脸

把人类的五官加以归类，将它们编号为 1、2、3、4……然后进行深度记忆。

对面孔的记忆与对名字的记忆关系密切，但不完全等同。有很多人容易记住面孔，但会忘记名字；也有一些人觉得记住名字很容易，但记住人脸却很困难。

但在某种意义上，记住面孔是回想人名的一个先决条件。因为如果想不起那张脸，就无法把名字和人对应起来。

在“记住人名”这一节中，我们已经涉及了如何记忆人名这个话题。在本章中，我们将只关注对人脸特征的记忆。

每个人都对人脸有一定的记忆力，但记忆的深刻程度却不一样，数量也有很大差别。人脸记忆发达的人能认出多年前见过的人的面孔，并立刻回忆起与对方最后一次见面的情况，但人脸记忆弱的人会在面孔消失的一刻就开始遗忘，甚至几小时前才见过的人他们都认不出来。

侦探、记者以及其他与人群打交道的从业者，对人脸的记忆力往往比较发达，这是他们的工作需要决定的，对人脸的兴趣和注意力自然会提升。

公众人物往往会拥有超强的人脸记忆力，原因也是一样。

据说，美国前总统候选人詹姆斯·G. 布莱恩[①]从来不会

---

① 詹姆斯·G. 布莱恩，美国历史上著名的政治家和演说家，曾三次竞选美国总统并担任过国务卿一职。

忘记任何一个点头之交。这种能力使他在政界大受欢迎。辉格党的创始人亨利·克莱也是这样。

有一次，克莱在竞选途中，对密西西比的一个小镇进行了几个小时的停留访问。人群中有个独眼的老人喊了起来，他说之前和克莱见过面，他相信亨利·克莱会记得自己。克莱看了他一眼，说："我多年前在肯塔基州见过你，对吗？""是的。"老人家回答，"当时你两只眼睛都没问题啊。"克莱说。"是的，几年之后我遇到了点儿事。"老人家答。"把脸转过来，让我看看你的侧脸。"克莱说。老人照做了。克莱回忆了一下："我现在想起来了。二十多年前我在联邦法院审理弗兰克福特案，你当时是陪审团的成员，对吗？""是的，阁下！"老人家说，"我就知道您还记得我。"众人发出一阵欢呼。克莱知道自己已经拿下了这个小镇。

这样的例子不胜枚举。

培养人脸记忆的方法与培养其他方面的记忆力相似——培养兴趣，以及投入注意力。当然，除了特别好看或者长相特殊的人，指望让人自然而然地对一张普通的脸产生兴趣几乎是不可能的，因此，需要给这些人脸分门别类，生成记忆点。

我的建议是，可以了解一下关于“面相”的知识。你会注意到不同种类的鼻子、耳朵、眼睛、下巴、额头等。对五官的注意和识别会让你对人的面部特征产生兴趣。

当你乘坐有轨电车时，仔细观察一下，就会看到不同类型的人。每种类型的人都有很多值得注意的地方。

此外，面部绘画的课程，特别是面部轮廓的学习，也能唤起人们对人脸的注意力和兴趣。如果绘画课上老师要求你不看实物，仅凭记忆画一个鼻子，你就很容易对鼻子产生兴趣并投入更多的注意力。

在所有职业中，艺术家也许是对人的面部特征最清晰的，尤其是肖像画家。一些著名的肖像画家在仔细地看过一次人脸后，便能画出一幅好的肖像画。他们训练自己学生的时候要求其快速地看一眼鼻子、眼睛、耳朵或下巴，让它在脑海中浮现出来，最后这些特征在纸上才能有完美的呈现。

这是一种对所有技术和艺术职业都很重要的能力。它能让我们对记忆对象加以准确的感知和概括。但我们却因为懒惰不去使用这种能力来获得更好的回报。

我相信，在不影响符号抽象思维的情况下，认真研究发展利用这种能力的最佳方法，是未来教育学的迫切需求之一。

著名画家达·芬奇还发明了一种最巧妙地识别人脸的方法。据说，他能通过这种方法，从记忆中复制出他曾仔细观察过的任何一张脸。他把人类的五官加以归类，将它们编号为1、2、3、4……然后进行深度记忆。之后每当他看到一张想画的脸时，脑中记住这张脸是“下巴4、眼睛2、鼻子5”等。通过记住五官的编号，他可以随时重构这张脸。

我们没法要求读者去尝试如此复杂的方法，但可以对它进行简化。也就是说，如果你对鼻子进行分类，可以分成直的、歪的、鹰钩鼻等，这样你观察一个人的相貌就会比较容易抓住重点。嘴巴也可以用这种方法分成几类。

但在人脸中，眼睛是最有表现力，也是最容易被记住的部分。几乎不需要记住眼睛的形状，通过观察眼神，就能辨认出你熟悉的人。侦探们通常就是靠眼睛和眼神来甄别嫌疑人。如果你能完全“抓住”一个人的眼神，那么此后你就会很容易地把它识别出来。因此，研究人脸时，可以把注意力集中在眼睛上。

另外，如果能从观察中得到某种好处，也能增加记忆人脸的兴趣。如果让你见一个人，并告诉你下次见面能再认出他就能得到500美元，那么你会仔细研究他的脸，并记住他；而如果只是随意地告诉你这个人是“张三”，你就不会产生太大的兴趣，认出他的可能性也不大。

你还可以用你见过的陌生人面孔去丰富你脑海中的“面孔清单”。通过这种小练习，你会对人脸产生极大的兴趣，记忆人脸的能力也将会迅速提升。研究照片也能为记忆人脸带来极大帮助，但要注意研究细节，而不是将面部当成一个整体。如果你对人脸和面部特征有足够的兴趣，你在记忆和回想它们时就不会有任何困难。

▷ 3. 记住地点

假如有一大笔散落在全球各地的巨款等着你，你肯定会对这些地点以及到达的最佳方式产生兴趣。

不同的人，方向感有好有坏。我们对“定位感”的定义是这样的：“对地点的认知；对地点、道路、景物和物体位置的记忆；书页里语句的位置；地理能力；寻找地点的欲望和能力。”

当这种能力发展到极致时，有些人会对方向、地点和位置有一种近乎准确的直觉。他们从不迷路，也不会弄错地点和方向。

他们记得到访过的地点以及它们之间的位置关系。他们脑中有一张地图，上面标着延伸向各个方向的道路和街巷。

当他们在思考某个地点时，他们的大脑会自动标注“东，南，西，北”。

而走向另一个极端的一些人，却无法记住任何地点和方向。他们没有方向感，认不出最近去过的街道或场所，更别说他们以前去过的地方了。

这两种人在记忆地点上之所以存在着巨大的差异，其实是使用频率、兴趣和注意力的问题。任何愿意花费时间和精力去发展“定位感”的人都能证明这一点。

培养“定位感”的方法和上文中培养“人名记忆”的方法类似。首要条件就是培养对地点记忆的兴趣。

想要习得这种技艺，就要留意自己走过的街道、地标、岔路口和沿途的景物，还要提高一个维度——了解相应的地图。

要把记忆地点当作一件令你感兴趣的事情，而非机械性的知识记忆。

比如，假如有一大笔散落在全球各地的巨款等着你，你肯定会对这些地点以及到达的最佳方式产生兴趣。或者，想象你的爱人在某个地方等着你，你也会产生探究的兴趣。培养地点记忆的关键就在于对此事（如巨款、爱人）的渴望程度。

渴望产生兴趣，兴趣产生注意力，注意力产生实践中的感知和记忆力。因此，你必须培养对记忆对象的渴望和兴趣，剩下的就不成问题了。

产生了兴趣之后，要做的就是详细记下你走过的街道及地标和它们的相对位置。很多人在走路时心不在焉，也不注意周边布局，当然就容易迷路。

除了途经的道路和景物，你还要在路口或拐角停下，记下地标的大致方向和相对位置，直到把它们牢牢地印在脑海里。平时可以试试你能在一次散步中记住多少信息，然后拿一支铅笔，尽力绘制出你的路线图，标注出大致的方向以及街道名称和主要景物。

想要学会分辨东南西北，一开始就要在脑海中定下“北方”的概念并在整个旅途中保持方向感。

绘制地图时也应如此。你会惊讶地发现，自己很快对绘制地图产生极大的兴趣。带着游戏的心态进行这种游戏，伴随熟练程度的增加，你的乐趣会越来越多。

如果你有一张城市地图，就可以将它与自己的小地图对比，还能靠想象在城市地图上标注一些新路线——之后，你就可以在“故地重游”时收获很多乐趣。

这样做之后，你就会发现自己的地点记忆能力大涨——因为你已经对此产生了兴趣，也投入了注意力。

还有一个类似的方法，也同时是对上文方法的补充。在你的城市地图上选择一条路线，在出发之前尽量记住大致的方向、街道名称、岔路口和拐角以及回程等信息。

先从短途旅行开始，每天增加难度。如果你愿意，还可以带上地图，标注出沿途中不一样的地方。

养成看地图的习惯，但不要事事依赖地图，而是要努力将实物地图与脑中自己绘制的虚拟地图建立联系。

如果你打算去陌生的地方旅行，要在出发前仔细地研究地图，并试着将地图绘制出来，锻炼自己的记忆力。

在旅途中，把经过的地方和自己绘制的地图相对比，你就会对这趟旅程产生全新的兴趣——对你而言，每个地点开始变得有意义了。

这样一来，你不仅提升了自己的地点记忆能力，让自己不那么容易迷路，还为自己的旅行增添了新的趣味。

关键就在于培养兴趣和投入注意力。如果你对定位感兴趣，就可以在短时间内经过训练将自己的地点记忆能力提高到惊人的高度。

有一位以“路痴”出名的女士，无论在哪儿，她都会在离停车点几个街区远的地方迷路。她几乎没有任何定位感与方向感。即使她在多年的旅途中与丈夫走遍了世界各地，却还是经常在酒店的走廊里迷路。

毫无疑问，这种定位感的缺失，与她极度依赖自己的丈夫，甚至将对方当作自己的“导航仪”是密不可分的。丈夫死后，这位女士就失去了自己的“导航仪”。“导航仪”不在了，她只能靠自己。

为了照顾丈夫留下的生意，她被迫旅行了几年——尽管她方向感很差，但她是一个很好的商人——为了出行安全，她不得不关注自己的目的地。两年后，她已经是个和丈夫一样优秀的旅行者了，也经常被叫去做向导。

对此，她是这样解释的：“为什么能做到？我也不知道自己怎么做到的——就是不得不做，然后——我就是做到了。”

这位女士的成功，其实是依靠本能，完成了我们在本书中提到的方法和计划。她只是“不得不”去使用地图，然后“集中注意力”——仅此而已。

这种培养地点记忆能力的方法可以起到立竿见影的效果。

一个人哪怕定位感再差，只要他有足够的兴趣并坚持下去，就能迅速提高自己的地点记忆能力。

这都是因为辨别方向的需求，在长期的使用和锻炼中磨砺出来的，是“集中注意力”的问题。

如果一个人也像这位女士这样“不得不去做”，他的大脑也会对此需求做出回应。

注意力和联想法则在有兴趣或有需求的情况下进行练习，会产生神奇的效果。这个过程中没有魔法，只有“想要”和“坚持”，仅此而已。你有足够的渴望吗？有没有坚持下去的决心呢？

▷ 4. 记住数字

根据你的特长，将数字和你的视觉或听觉联系在一起，或者三者结合。

每个人的数字记忆能力都不同，对一些人来说，数字和符号易于理解和记忆，但对另一些人来说，它们毫无吸引力，也不容易被记住。

专家们普遍认为，日期、数字、号码等，是数字记忆中最难的。但是大家也都承认，对它们的记忆能力可以通过提升兴趣和不断练习来获得。

许多著名的数学家和天文学家都有着优秀的数字记忆能力。据说赫歇尔[①]在进行天文计算时，不需要纸笔就能完成最复杂的心算，然后向助手口述整个计算过程和结果。

数学家欧拉晚年失明，由于没法看见并参考自己的表格，他就将它们背了下来。据说，欧拉能够背出从1到100的所有前6次幂。

在这方面，数学家沃利斯[②]是个神童。据报道，他能够

---

① 威廉·赫歇尔，英国天文学家，他以发现天王星而著名。他也是熟练的观测者和仪器制造者以及深入研究天文学和数学的学者。
赫歇尔的研究涵盖了广泛的天文学领域，包括恒星、星系和银河系的结构和演化，以及行星和卫星的运动和物理特性。他发现了很多天体现象和星系，例如双星和星云。他还提出了许多关于行星和卫星的理论，例如土星的环和天王星的轨道。
赫歇尔的记忆力也是他在天文学领域取得成功的关键之一。他能够快速识别和记录天体的位置、亮度和其他特征，并能够精确地计算它们的轨道和运动。他还使用记忆力技巧来记忆天体的名称和特征，从而使他能够更有效地观测和研究它们。
总之，赫歇尔是一位具有卓越记忆力和天文学知识的天文学家，他的贡献不仅推动了天文学的发展，同时也成了记忆力和学习技巧的榜样。

② 约翰·沃利斯，英国数学家，他的研究对于微积分、数论和代数学有很大影响。
沃利斯在数学领域的最重要成就之一是他对无穷级数的研究。他发现了许多无穷级数的和，例如 $\lim\limits_{n=+\infty}\left(\frac{1}{1^2}+\frac{1}{2^2}+\cdots+\frac{1}{n^2}\right)=\frac{\pi^2}{6}$ ，这被称为“巴塞尔问题”，它在现代物理学和工程学中具有广泛的应用。

用心算开平方，并算到小数点后40位。

有个叫曼贾梅莱的青年心算非常厉害。据报道，在一次法国科学院成员监督的测试中，他于三十秒内算出了3796416的立方根；还在三分钟内算出了282475289的10次方根。他还立刻解决了阿拉果提出的问题："什么数字符合以下的条件：立方减去5个它自己，再加上5个它的平方，再减去9个它的平方，余数为0？"青年没有使用任何纸笔演算，就立刻给出了结果"5"。

芝加哥的一位银行出纳员能默写出在大火中被烧毁的银行账目。他的账目被银行和储户所接受，并和备忘录中记载的完全一致。

历史上著名的心算天才巴克斯顿[①]，心算出了一个长21164509米，宽2416514米，高50260米的长方体中，有多少个边长为0.3厘米的立方体。他还能够心算一个约405平方千米的不规则庄园的尺寸，根据面积和周长，将其面积换算成

---

① 哈里·林伯格，即巴克斯顿，美国心算天才和教育家。他超常的记忆和心算能力使他成为一位备受赞誉的数学家和公众演讲者。

平方厘米。

数学神童齐拉·柯尔本①也许是这其中最杰出的一个。他在小时候就发展出了惊人的数学思维能力，能立刻心算出给定时间内的分钟数或秒数。

有一次他计算了48年有几分几秒，几乎立即给出了结果："25228800分钟，也就是说1513728000秒。"他还在5秒内算出了413993348677的平方根，还发现了4294967297的因数——这个数字以前被认为是质数。

但是，对大多数人来说，记忆数字很困难，因为数字只是个抽象符号，只具有抽象的性质，比从视觉或听觉处获得的印象要难记得多。

当我们弄清楚困难的来源时，补救方法便明朗了：让数字成为视觉印象和听觉印象。根据你的特长，将数字和你的

---

① 齐拉·柯尔本，美国心算天才，他以惊人的计算速度和准确性而闻名于世。

视觉或听觉联系在一起，或者三者结合。

比如，你可能很难记住“1848”这串抽象的数字，但你容易记住“1848”的发音或外形。

因此，你可以重复地读这串数字，就能抓住它带来的听觉印象，或者将其具象化，这样你就能记住这串数字的样子——这会比只想着它而不考虑声音和外形更容易记住它。

再比如，你可能会忘记某个门牌号是3948，但你会记住“3948”这个读音，或者“3948”的样子——因为它出现在你视野中的门上。

在后一种情况下，你将数字和看见的门联系在一起，当你想到门时，你就会想到数字。

凯在谈到“复现，或在脑中重现图像”时说：“那些出类拔萃的人，之所以有能力完成冗长而复杂的心算，也是因为同样的原因。”

泰纳说：“习惯心算的孩子们在用粉笔在想象中的黑板上列出算式，然后分步运算，最后算出总和。这样，他们就能从脑内观察到数字之间的不同关系。小柯尔本，一个从没上过学，也不会读书写字的孩子，说自己在计算时可以‘在面前清楚地看到数字和算式’。另一个人自称可以‘看到数字’，就像‘它们被写在白板上’一样。”

比德说：“在我心算的时候，计算的过程总是以一种可见的形式在我脑海里呈现；事实上，我想象不到别的心算方式。”

我们已经知道，前文提到的记忆档案室的“办公小人”记不住门牌号。除非我们向这些“办公小人”清晰地重复几遍这串数字，然后“小人”就能够记住这些数字的发音，并且永远不忘掉。

还有一些人忘记了这些数字读音，或者没能把它们印在脑海里。但这些人在看到办公室或商店门上的数字后，则能在瞬间说出它，并自称能在脑海中“看到门上的数字”。

只要稍加询问，你就会发现，大多数人都是用这种方式来记住数字或符号的。几乎没人能把它们当成抽象的东西记住。大多数人甚至难以抽象地想到一个数字。

试试看，看看自己在记数字时是不是记成了数字的读音，或想象出来的图像。

顺带一提，不论是视觉还是听觉，这种特定的记忆方式是你记忆数字的最好方法。同时，你也可以把视觉、听觉两种感官相互结合的方式，应用在记忆过程的其他阶段。

此外，联想法则也有助于记忆数字。

例如，有人将数字299338（光在乙醚中1秒走过的米数）与他父亲以前工作的地方的门牌号“299”联系起来，从而记住了这个数字；有人靠记住美国独立日的日期来记住自己的电话号码“1876”；有人把美国的州的数量与自己工作地号码的最后两位数联系起来，等等。

但是，归根结底，一个人想要培养自己对数字的记忆力，首先必须对数字感兴趣才行。带着兴趣去进行一些基础运算，会比阅读很多教科书更有用，更能帮助你走上“记住数字”的道路。

记忆力的三个规则是“兴趣，注意力和练习”，兴趣是排在第一位的，然后才有其他。

其实，数字中存有很多有趣的东西，并不像人们通常认为的那样枯燥乏味。比如，在数字“1”的后面加上一些“0”，想加几个“0”就加几个“0”。

然后，把这个数字除以7，你会发现这个循环节不受小数点的影响，随着被除数“0”的增加，“142857”这几个数字总会循环出现。再比如，取任意一串数字写在纸上，然后将其反转，形成一串新的数字，然后用大的数字减去小的数字，如下所示。

$$
\begin{array}{r}
909167711 \\
-117761909 \\
\hline
791405802
\end{array}
$$

你会发现得到的结果总是“9”的倍数。

我们举这些例子只是为了说明数字比许多人想象的更有

趣。如果你可以激发对数字的兴趣，那么你将会走上“记住数字”的道路。所以，让数字变得“有意义”起来吧。

▷ 5. 记住音乐

最重要的是要记住乐谱中某个特定部分的情感。

就如其他精神能力一样，不同的人也拥有不同的音乐记忆能力。

对一些人来说，记住音乐几乎是本能，但对另一些人而言，他们要付出巨大的努力。有的人能分辨音律，听出自然和谐的曲调，排斥不和谐的杂音；而有的人几乎无法判断音律是否和谐。

有的人能牢牢抓住音乐的灵魂，而有的人则对此毫无概念。音乐记忆能力还表现在其他方面，比如，有的人听奏毫无困难，但视奏时却缓慢而笨拙；有些人能正确地进行机械演奏，却记不住自己所听过的音乐。一个好的音乐家能将上述两种能力很好地结合在一起，既拥有对音乐的听觉感知能力，也拥有依照乐谱正确执行的能力。

有很多关于不同寻常的音乐记忆的例子被记录在册。富勒讲述了以下事例：有一次，伟大的爱尔兰吟游诗人奥卡罗兰[①]，遇到了一位著名音乐家。对方向他挑战，要测试各自的音乐能力。他接受了这个提议。音乐家用小提琴演奏了维瓦尔第最难的协奏曲之一。在演奏结束时，从未听过这首曲子的卡罗兰，用他的竖琴将其从头到尾弹了出来，没有弹错一个

---

① 特洛·奥卡罗兰，爱尔兰音乐家、诗人。他在17世纪晚期和18世纪早期成为爱尔兰最著名的音乐家之一，他的音乐和诗歌在爱尔兰乡村音乐传统中占有重要地位。奥卡罗兰在8岁时在一场天花中双目失明，但他却因此得到了一种特殊的能力——通过听声音来识别不同的音符和和弦，后来成了音乐家。

音。音乐家被卡罗兰所折服，随即认输。

贝多芬可以记住他听过的任何音乐作品。无论乐曲有多复杂，他都可以将其保留在记忆中，甚至弹奏出其中的大部分内容。他可以凭记忆弹出巴赫的《平均律曲集》——其中包括了48首前奏曲和48首赋格。

莫扎特在4岁时就能记住自己听过的协奏曲，能在半小时内学会一首小步舞曲，甚至创作出短篇音乐。6岁时，他能够在没有乐器帮助的情况下作曲，并在音乐记忆和音乐知识方面快速进步。14岁时，他在圣周去了罗马。西斯廷教堂每天都在演阿莱格里的《悲惨世界》。莫扎特想拿到这份乐谱，但被告知乐谱不允许抄录复制。他认真地听了演出，结束后凭记忆默写出了整份乐谱，没有一点错误。

还有一次，莫扎特被要求提供一首原创作品，然后和一位著名小提琴家一起在维也纳的约瑟夫皇帝面前演奏这首乐曲。等到了约定地点时，莫扎特才发现忘记带自己的那部分乐谱。但莫扎特毫不担心。他在自己面前放了一张白纸，然后根据记忆准确无误地演奏完了自己的部分。

歌剧《唐璜》首演时，大家都没时间抄录羽管键琴的乐谱。但莫扎特不负众望，指挥了整场演出，并在没有一行乐谱可参考的情况下完成了羽管键琴伴奏。

有很多实例可以证明门德尔松优秀的音乐记忆能力。他曾在伦敦举办过一场盛大的音乐会，演奏《仲夏夜之梦》序曲。但不幸的是，唯一一份完整乐谱，被圣保罗大教堂的管风琴师遗落在了马车上。于是门德尔松凭记忆写出了一份完全正确的乐谱。

还有一次，他准备指挥巴赫的《受难曲》，但登上指挥台时才发现将乐谱被错拿成了另一部作品的。门德尔松毫不犹豫地开始凭记忆指挥，并随着演奏进度不断给面前错误的乐谱翻页，以防乐队和歌手感到不安。

戈特沙尔克据说能凭记忆弹奏出数千首乐曲，包括许多巴赫的作品。著名指挥家维亚内西在指挥时很少摆上乐谱——他记得许多歌剧的每个音符。

以上叙述可以看出，“音乐记忆”包括了记忆的两个阶段——曲调记忆和乐谱记忆。

曲调记忆属于听觉印象的范畴，而听觉印象的相关理论也适用于曲调记忆。乐谱记忆属于视觉印象，所以视觉印象的规则同样适用乐谱记忆。

培养曲调记忆的一个原则，就是要对音乐产生兴趣，并利用一切机会听好的音乐，然后努力在脑海中重现它，尽力探索音乐的灵魂，直到它变成自己的一部分，而且不能仅满足于听见音乐，还要让自己感受到音乐的意义。

音乐对你来说越是“意义重大”，你就越容易记住它。有很多学生，尤其是声乐专业的学生采用了这样一个计划：先反复听一首曲子的几个小节，直到能够正确地唱出来，然后再加几个小节，熟练地唱出来之后再加几个小节，以此类推。每次新增的内容都和之前学过的一起复习，这样能保持连续性联想。

通过这种“再加一点”的方法，以及不断地复习，就能够记住长而复杂的乐曲。

乐谱记忆也可以靠上述方法——先学好几个小节，再增加几个小节，并不停地复习。

在这个过程中，频繁的练习会帮助你建立每节乐谱间的联想纽带。这一次靠的不再是听觉印象，而是视觉印象。你要让乐谱“形象化”，不停地练习，直到能在脑海中看到自己所学的每个小节。

但是就像其他视觉印象一样，除了外形，乐谱的声音记忆也会给你带来巨大帮助。尽量将听觉印象和视觉印象联系起来，这二者相结合带来的双重感官印象，能让你的记忆效率加倍，这样当你看到一份乐谱时，你会听到它的声音；当你听到一段曲调时，你会看到它出现在乐谱上的样子。

除了将音符形象化，还可以给乐谱加上调性、持续时间、节奏、情感等各种符号。这样，你就可以根据想象中的乐谱，哼出正确的曲调。

需要注意的是，在记忆乐谱时，要着重注意调性和节奏的变化，而最重要的是要记住乐谱中某个特定部分的情感，如此，你不仅可以看到，听到，还能感受到你所回想的音乐。

建议读者从简单的歌曲开始进行练习，因为简单的歌曲容易记住，且能让人在整个过程中都保持轻松的联想。

在音乐记忆这个阶段，我们也给出了相似的建议：培养兴趣，投放注意力，尽可能多地练习。你可能已经听厌了这些话，但它们是培养良好记忆力的主要原则。

无论想要发展记忆力的哪些阶段，都必须记住：只有留下了深刻印象的事物，才有可能被回忆起来。

▷ 6. 记住事件

结束一天的工作后，回顾当天发生的事情，你会发现“回顾”这个行为能让你的注意力得到提升。

一般人会认为自己能清楚地记得在日常工作、社交中发生的事情，但你如果告诉他其实他只能记住一小部分事情，他会很惊讶。

为了证明这一点，现在请读者们好好地回想上周的同一天发生过的事情，你会惊讶地发现自己能够回想起来的东西其实非常少。诚然，如果给你一点提醒，你或多或少能回想起一些特定的事件。但除此之外，你不会记得任何事情。

想象一下自己要在法庭上作证，阐述一周前发生的事情，你马上就会意识到自己的处境。

人们之所以记不住日常生活、工作中的事情，是因为当时没有努力地去将这些事情印刻在潜意识中，而是让这些事情从自己的注意力中一闪而过，就像俗语说的“鸭背上泼水”。当然，我们并不建议你耗费大量的精力去记住一天中发生的每一个细节，但有些事还是需要记住的。

有一个简单的方法能帮助你，就是结束一天的工作后，回顾当天发生的事情，你会发现“回顾”这个行为能让你的注意力得到提升，以这样的方式记住的事情也能在有需要的时候被回想起来。这类似于将当天的文件归档，以供将来参考。

除此之外，“回顾”这个行为还能很好地提醒你许多重要的小事——这些小事由于种种原因没能被你的记忆捕捉到。

你会发现，只要稍加练习，就能在短时间内想起当天的事情，并且有着惊人的准确度。这个过程类似于精神上的

“消化”，或者说“反刍”。

如此，你不仅存储了这些日常记录以供将来使用，还唤起了对许多重要细节的关注。这种“反刍”应该在一个安静、轻松的环境下进行，你会发现，你的潜意识会苏醒，并且知道它要记录当天的事件，因此会更勤快地“关注”发生的事情。

潜意识一旦理解了主人的需求，就会以一种惊人的方式来回应这种召唤，模糊的印象会被它检查和审视，从而大大加深你的印象。用一句话概括：它强化了当天获得的微弱印象。

19世纪著名的政治家瑟罗·韦德[①]在他广为人知的作品

① 瑟罗·韦德，美国政治家、记者和编辑，以其在纽约州政治中的活跃和影响力而闻名。他在政治方面的才能和运筹帷幄的能力被广泛认为是他的记忆力出众和口才极佳的结果。据称，韦德能够牢记所有的政治新闻、人物和事件，而且对于历史事件和政治纷争也能轻松回忆，这使得他在政治上非常有影响力。他能够轻松地引用政治家的言论和立场，并在演讲和辩论中用于支持自己的观点。他的记忆力和口才被认为是他在政治上取得成功的关键因素之一。

《回忆录》[1]中证明了该方法的有效性。他的计划与前文所述的略有不同，但二者都涉及了相同的心理学原则。

韦德说："曾经有朋友认为，我'天生就是干政治家的料'，但我一眼就看出了一个致命弱点——我的记忆就像个漏勺，什么也记不住。日期，人名，约定，人脸——所有的一切都在从我身边溜走。我对妻子说，'凯瑟琳，我永远也当不了一名成功的政治家，因为我什么都记不住，但政治家必须记性好。一个政治家应该在见过对方一面之后就永远记住他。'妻子则告诉我必须训练自己的记忆力。所以那天晚上回到家后，我独自坐着，花了15分钟安安静静地回想那一天发生过的重要事件。刚开始，我只能记住一点点东西——甚至回想不起来早餐吃了什么。经过几天的练习后，我能想起更多的东西了。发生过的事情飞快地向我涌来，比之前更准确，更生动。练习了大约一周之后，凯瑟琳问我为什么

① 《回忆录》，瑟罗·韦德撰写，讲述了他的生平和政治生涯。书中讲述了他如何与马丁·范布伦、亨利·克莱和威廉·赫尔·斯沃德等人建立关系，并在政坛上发挥影响力，是了解美国历史上政治活动的参考资料。

不试试向她复述一天中发生的事呢——那将会非常有趣，而她表现出的兴趣也是对我的一种激励。出于对妻子意见的尊重，我开始向她口述一天的经历。这个习惯保持了近50年。每晚睡前，我都会事无巨细地向她讲述白天发生过的，或与我有关的一切。我一般会回想起三餐的菜色，见过的人，说过的话，为报纸写的社论，收发的信件，以及散步时遇见的所有景色。我发现自己讲得一年比一年好，而且这并不让人厌烦，反而让回顾当天发生的事情变成一种乐趣。我强大的记忆力都归功于此。我向所有希望提高事件记忆的人极力推荐这种做法。”

细心的读者会发现，瑟罗·韦德的这段话不仅给出了回想特定类别的事件的方法，还指出了对记忆力进行全方位训练的方法。

回顾和复述自己一天中的所做所思，是对观察力、注意力和感知力的打磨。如果先告诉你要去向别人复述一件事，再让你去看这件事，那么你会本能地将注意力集中在它身上。

“复述”这个要求，会让你对这件事产生必要的兴趣和关注，从而留下鲜明深刻的印象。在这种情况下，你的见闻便是有意义的、有目的的。

除此之外，“回顾事件”还能帮助你建立良好的思维习惯。所以，发挥你的智慧，去运用这一节中蕴含的记忆秘诀吧。

（图注：法国人艾利冯斯·李维在 1855 年绘制的《生命之树》，把世界 7 大奇迹归纳在一起进行记忆。）

▷ 7. 记住资料

你得到的“索引”就越多，这个知识点对你的“意义”就越大，你就会对它产生更多的兴趣。

“资料记忆”指的是储存和回想某类特定知识的能力。我们每时每刻都在接收各个方面、各个主题的知识。

但即使有着清晰的初印象，想要搜罗某个特定主题的信息仍是一件难事。之所以困难，是因为我们脑中的各种信息都只有时间或空间上的关联，缺乏关系联想。

换句话说，我们没有对获得的碎片化信息进行分类、归纳，总结出特定的主题，也就难以进行检索。

这就如同将所有文件胡乱堆到一起，没有顺序和标签，虽然你知道你想要的文件就在里面，却也无从寻起。

关系联想是思维过程中最重要的事情之一。思维的正确性和有效性在很大程度上取决于关系联想。我们仅仅知道一件事是不够的，我们还要知道应该在哪里找到它。

凯说："我们控制不了知识间形成的时空关联。它们取决于对象呈现在脑中的顺序，在某种程度上是偶然的。

"但是，因为相似性而产生的联想在很大程度上却是我们自己可以决定的，因为联想的对象是我们选择并归类的。

"然而需要注意的是，我们应只将所需要的对象联系在一起，并且应该基于它们的本质来进行联系，而非流于表面。

"如果依靠事物表面的偶然性，而非其本质去进行联想，那么我们就没法在需要时回想起它。这样的联想是没有实际意义的。将一个新事物与脑海中某个相似物联系起来，就相当于将这个新事物编进了我们的思维网络中。通过相似性联想，所有最接近的想法都被捆绑在了一起。”

获得正确联想的最好方法是分析事物之间的关系——分析那些你想要记住的但是零散的知识。

你可以向自己提问一些有关记忆对象的问题，你在回答中产生的每个联想，都是一个额外的“交叉索引”，依靠这些“交叉索引”，你可以轻松地找到记忆对象。

正如凯所说：“问和答，可以说是所有智力活动的特点。”这也是苏格拉底和柏拉图引导自己学生思维的方法——填补空隙，并将新旧知识相联系。

所以，当你围绕一个知识点进行思考时，可以试着问问自己以下几个问题：

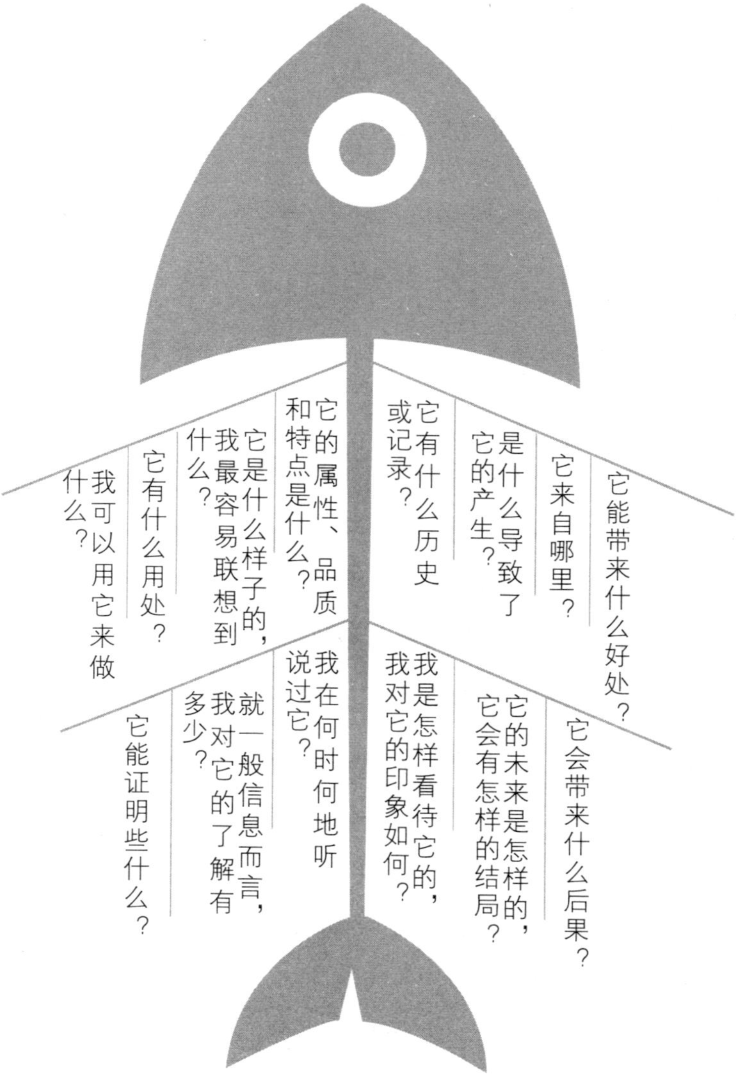
它的属性、品质和特点是什么？
它是什么样子的，我最容易联想到什么？
它有什么用处？
我可以用它来做什么？
它有什么历史或记录？
是什么导致了它的产生？
它来自哪里？
它能带来什么好处？
我在何时何地听说过它？
就一般信息而言，我对它的了解有多少？
它能证明些什么？
我是怎样看待它的，我对它的印象如何？
它的未来是怎样的，它会有怎样的结局？
它会带来什么后果？

如果你能如上文般严格地检查每个知识点，你就能将它与数百个熟悉的信息联系在一起，从而很容易地记住它。你还会在脑中建立一个新的知识体系，这个知识点则是该知识体系的中心。

由一个知识点所生发出的联想就像线，线就越多，你得到的“索引”就越多，这个知识点对你的“意义”就越大，你就会对它产生更多的兴趣。

如此，当你在思考一些相关内容时，你就会不由自主地回忆起这个知识点——“一想到这个，我就想起……”你越是频繁地使用一个知识点，就越容易记起它。

正如一个人最喜欢的笔总是放在手边，摆在自己记得的位置，而不太常用的橡皮，却总是要找来找去，还常常找不到。因此，赋予一个知识点的联想越多，它被使用的可能性就越大。

还有，一个知识点可能产生的联想，在很大程度上取决于你对它的归类，即将相似的信息存储在一起。孩子们会不由自主地这样做，这是他们的天性。

譬如，当一个孩子看见斑马时，他会将其归为“长着条纹的驴”；看见长颈鹿时，会将其归为“长脖子的马”；骆驼是“跛脚长脖子背包马”。孩子们总是将新知识和一些相似的旧知识相联系——虽然有时看起来会有些令人吃惊，但他们毕竟依靠这种方式记住了新知识。如果你也掌握了这个诀窍，记忆知识就会变得很简单。

总而言之，你只需回想一下自己沉浸在遐想中时的“思路”，就会明白关系联想的重要性以及规律。

你会发现，自己的每个想法都与前后的内容相连，除非有外部闯入的东西打断，否则这将是一个无穷无尽的链条。一个自虚空闪现的灵感，其实是你潜意识里回忆的延迟，或者是与之前内容相关的信息。

比如，你听到远处铁路的汽笛声，会想到行驶的火车，想到一段旅程，想到远方，想到远方的某个人，想到那人的兄弟，想到那个兄弟的生意，想到生意上的一些人，想到自己与他们生意上的往来，又想到其中一个人欠过你的钱，于是你决心要将钱拿回，拟了备忘录请了律师看看能不能收回借款。这个关于“债务人”的想法是由一声火车汽笛声引出的，但若是你忘记了这中间一大串的联想，你便会认为“债务人”是突然在你的脑海中闪现出来的。但其实这就是联想法则。

此时，读到这里的你也许会发现，当自己听到“联想”等术语时，便会想起本书的内容。要记住我们上面所说的这条“联想链”，它在你的脑海中塑造一种感性的印象。

▷ 8. 记住文本

练习和复习比往脑袋里塞新的东西更加重要。

关于记住文本这件事，现代人在这方面远不如古人，可能是因为现代对记忆力的需求不如从前。

在古时，印刷术并不发达，手稿也稀少而珍贵，人们习惯于“背诵”各种文本。印度人和希伯来人凭记忆完全背诵出一整本书是很普遍的事，即使到了今天，还有不少人能记住整本书。这是一种自然记忆方法，而不是人为记忆方法。

在本章中，我们将专门讨论这种方法，不过，这种方法并不是捷径，也是一种需要不断练习才能掌握的方法。

这种自然记忆方法是这样的：一次先学习一行，并复习这一行；然后学习第二行，并复习第一行、第二行；以此类推，每学习新的一行，便将其与之前所学联系起来复习。以背诵诗歌为例，先从6行以内的诗歌开始，逐行学习，直到能完美无缺、一字不差地完全背出这首诗为止。背诵时要做到“字字精准”，甚至要达到眼前浮现出标点的地步。然后休息一天，隔天再用同样的方式背第二首诗，并将第一首诗一并复习。将两首诗一起复习，便相当于将二者焊接在一起，每次复习都是一次加固。最终，它们在你的脑海中会成为难以遗忘的组合。之后，用同样的方法学习、复习第三首诗。就这样坚持一个月，保持适当的复习频率，你背一首诗就会像背字母表那般流畅。

再往后，可以试着开始背两首诗，并依照之前的频率进行复习和新诗歌的学习。你会发现即使这个月变成要背两首诗，却也像上个月背一首诗那样简单——你的记忆力已经被训练起来了。你可以就这样每过一个月，便在每日任务中多加上一首诗。当然，这个练习也需要适度，不要过度给自己加压，练习和复习比往脑袋里塞新的诗歌更加重要。

尝试了背诵诗歌之后，你可以扩大背诵范围，比如《莎士比亚作品集》《鲁拜集》《湖上夫人》等作品。当然，这些作品有一定的长度，适合将目标定得比较高的读者。但是，要相信水滴石穿，铁杵也能磨成针，这种抓住一点一滴、不断积累的做法，将会帮助你背诵出大量的文本内容。

如果你对前文的内容比较熟悉，你就会发现本节也推荐了自然记忆法中注意力、联想和重复三个原则。注意力帮助你记下新的文本；联想帮助你在新旧文本之间建立联系；重复则用于日常的复习当中。因此，综合的记忆方法才是最理想的方法。

▷ 9. 记住故事

你要动用自己的想象力去“看见”这幅画卷。

在前文中，我已经阐明了发展记忆力的主要形式和方法。但还有一些其他形式的记忆力，虽属于一般分类，却也需要进行单独说明，例如去记忆你读过的书、听到的故事等。因此，我认为最好单独用一章来阐述这部分内容。

许多人记不住读过的书，是因为他们看书只是为了“消磨时间”，而不是为了从书中获取有价值的内容。

诺亚·波特[①]说：“专注是阅读的首要要求，是金科玉律……阅读一页书时，应该当作是最后一次读它；将心灵之眼全部放在书页上，仿佛周遭的一切全部消失；将记忆化作一把钳子，牢牢地抓住书中字句，清晰而敏锐地接收信息。”

当然，逐字逐句记住一本书的内容是完全没有必要的，也不可取。你应该记住的是书的主要内容、中心思想，然后是大纲，论证以及各种情节细节。

读完一本书后，你应该问自己：“作者想表达什么？中心思想是什么？”当你试着去了解作者的想法时，实际上是将自己放在了作者的位置上，参与到了书的构思中来。

如此，你便算是置身于书中，得以从内部看待它，而不是在它周围徘徊。然后你会发现，不断推进的情节就像一幅在眼前慢慢展开的画卷。你要动用自己的想象力去“看见”这幅画卷，哪怕模糊些也无妨。

---

① 诺亚·波特，美国哲学家、作家，曾担任耶鲁大学校长。

如此，你就相当于在脑海中建立了一本“相册”，再去回想时，便会像看戏一样，情节一幕一幕地在脑海里播放。这种做法会让你从阅读中获得新的乐趣。

当然，这也会让你的阅读速度减慢，但这并不是损失，而是重大收获。每次阅读结束时，花点时间回顾一下整本书的内容——让角色、故事情节在你的脑中像动画一样掠过。

这种阅读方式不仅能让你轻松地记住所读故事，还能在多年后靠想象重读它，收获乐趣。你会发现，书中的人物有了一种新的真实感，而且他们召之即来，挥之即去，你不需要有任何记忆负担。

如果你阅读的是论文、散文等，则可以按照类似的方法，将作品分成几个小部分，并在脑海中复习每一部分的中心思想；每复习完一部分后，便加入新的部分，直到逐渐掌握整部作品。所有这些都需要时间、精力和耐心，但付出必有回报。

为充分了解一本书，在阅读之前你应该熟悉它的结构，注意书本的标题和副标题，关注作者简介，仔细阅读序言和目录，了解该书的内容。

在阅读的时候，你要充分掌握每一段文字的含义，不要放过读不懂的地方，遇到不认识的字词要查阅字典。而且，读到每一部分的末尾时，你要不断复习，直到能够在脑海中形成一幅图像。

上述方法同样适用于戏剧作品，你要关注每一个出场人物和每一个场景，并在幕间复习之前的内容，最后回顾整部戏的内容。

这样一来，你就能将整部戏都印在脑海里，形成一本“相册”，越是频繁地回顾，你就记得越清楚。

对这种自然记忆方法而言，练习和复习是最重要的。每次复习，都会使你对这个方法更加熟练，你的潜意识也能发挥更大的作用。

因此，要多引导自己的潜意识，让它知道应该记住些什么，然后不断复习以锻炼它。

再之后，你的潜意识就会敦促你多关注必要的内容，你也会记得更牢，变得更加耳聪目明。

若在记忆话语方面有困难，则应该多参加讲座，或听听演讲，以发展这方面的记忆力。动用自己的潜意识去关注演讲者说的话，并以上文所述方式记录下来。

当你再去回顾这段话时，便能在脑中呈现一份很好的大纲。尽量不要去背诵演讲者的字句，你的目的是吸收和记录演讲所表达的思想。记住，兴趣、注意力、练习、复习，这些是记忆力中最重要的几点。

为了记住故事、寓言等，上述方法也可以一试。要记住故事，最主要的是要抓住故事的基本思想及中心句。

必要时，你还可以做一份备忘录，然后在脑海中仔细回顾这个故事，让它像放电影一般在你的脑海中重复。通过不断的复习，你可以将这个故事变成自己的，并在以后和自己的实际经历联系起来。

然而，很多人的问题在于，他们仅在听过一次故事后，便去复述它。因为从不复习，因此他们在复述时会多有遗漏，因为他们没有将故事作为一个整体印在脑海里。一些好作家会不断复习故事，并在不知情的朋友身上试讲，当做练习——这种做法被戏称为“先打草稿”。

不过，这确实是个好方法，会带来很多好处。用了这个方法，人们就不必强迫自己背诵冗长晦涩的故事了，以免支支吾吾，到最后也说不出个所以然来。

附 录

▷ 通用建议

在本章中，我们将再次重复前文提到的一些记忆方法。这样，你就会有更深刻的印象，也能进行更深入的思考。本章也可视作是对本书中提到的记忆法的回顾和总结。

1. 集中注意力

记东西时，尽可能地集中注意力。因为注意力的集中程度，决定了储存在潜意识中印象的强度、清晰度和深度。印象是否清晰决定了回想的难易程度。

2. 获得感官印象

记东西时，要去获得尽可能多的感官印象。同时通过听觉和视觉得到的印象，远比仅通过一个感官获得的印象要强烈得多。比如，你能够记住一个橙子，不仅是因为你听到了它的名字，还看到了它、闻到了它、尝到了它。因此，要通过多个感官印象去了解一件事，要尽量多角度地去看待一样东西。

3. 加强感官印象

通过锻炼来加强感官印象。大多数人的视觉记忆和听觉记忆中，总有一个相对较弱，那就锻炼弱的那项，使它得到提高和增强。训练视觉和听觉的章节能够为你提供相应的帮助。同样的规则也适用于训练其他不同的记忆力阶段——提高弱的阶段，较强的阶段则可以暂时不去理会。要相信，锻炼和实践能够创造奇迹。

4. 留下第一印象

留下足够强烈、清晰的第一印象，为以后的回忆打下基础。要养成好习惯，一开始就要对关注对象产生强烈、清晰的印象。这样，每次回想都是对初印象的一次加深。如果一开始的印象便是模糊的，再多的回想也补全不了遗漏的细节。这就像放大一张照片，底片中缺失的细节不会出现在放大的照片中，但被拍下来的细节则会随照片被一起被放大。

5. 重温复习

时常重温复习，加深自己的印象。每天花几分钟去看一幅画，比一次看上几个小时要有用得多——锻炼记忆力也是如此。要时常去复习和回想你需要记住的东西，如此，该事物便会深深印刻在你的脑海中，不可磨灭。

6. 自信地使用记忆力

培养记忆力的一个要点，就是去使用它。给你的记忆力多一点信任，它便会自己迎难而上。如果你从事的并非脑力工作，你也应该通过学习诗句或其他来锻炼自己的记忆力，以保持它的活力。

7. 建立更多联想

联想是记忆的交叉索引，能使人更容易记住或回想起对应的事物。努力将新知识通过时空上的关联、种类、相似性，甚至是对立性，和你熟悉的东西联系起来，这样，它们便不会再零散地存在于你的脑海中了。

比如，你能通过回忆同一时间、地点发生的事情，来记住另一件事。再比如，靠字母表来回想人名，看到第一个字母就能想起其余的字母——当然，在这之前必须先靠视觉记住名字。音乐作品也是一样的，前几个音能帮你记住整首曲子；文章开头的一句话也能帮助你记住整个段落的内容。

只要稍加练习，你就能顺着最微弱的联想来回想起整件事。当你应用联想方法时，便会发现它的迷人之处。你还会发现很多使用它的小诀窍。但是在这个过程中，你要使用自然联想，避免用人为联想来束缚自己的记忆力。

8. 知识点排列组合

将知识点按照一定逻辑排列组合，那么它将永远属于你。这也是联想的一种形式。

将你的知识和其他知识按照对立统一的原则联系起来，你就能在需要的时候找到它。拿破仑就是这样训练自己的思维的。他自称“记忆就像由小抽屉组成的大箱子”，他按照信息的种类将它们归位。

为了做到这一点，他使用了本书中提到的方法——将新旧事物进行比较，然后决定它应该归到哪一组。这在很大程度上是实践和技巧的问题，但它可以通过思考和练习获得。下面的问题表有助于你对想法、物体等进行分类，与第4章的“记住资料”这一节中的问题表有些相似，但更加简明扼要。记住并使用这些问题，你就能获得满意的结果。

问题表：问自己关于所想事物的以下问题。这张表将引出你脑中相关的信息知识。

（1）是什么？

（2）从哪儿来？

（3）在哪里？

（4）何时？

（5）如何发生？

（6）为何？

（7）到哪儿去？

利用上述7个问题是获得清晰印象的手段，如果你能回答上述所有问题，那么你对该事物的了解便相当全面，少有疏漏了。试着使用这张表吧！你的记忆力一定能提高。

思维导图

（图注：可以用思维导图这样的视觉化工具，帮助自己回忆起相关信息。）

兴趣	无意识	有意识
问题	提高观察力 如：数据、事件、文字、影像	有意义并经过组织的信息
投入注意力	利用整体感知来统合信息	建立信息之间的联系
利用感官 加以记忆	利用场景来建立联系	多次提取
听觉、视觉 来帮忙	让联系自己呈现出来	根据沟通记忆对象选用 最适合呈现的方式

（图注：从记忆到认识的提升过程。）

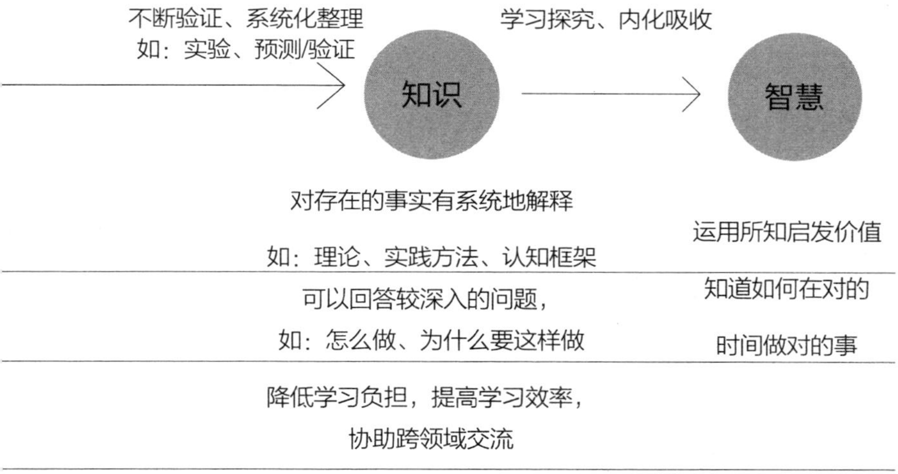
不断验证、系统化整理
如：实验、预测/验证
知识
学习探究、内化吸收
智慧
对存在的事实有系统地解释
如：理论、实践方法、认知框架
运用所知启发价值
可以回答较深入的问题，
如：怎么做、为什么要这样做
知道如何在对的
时间做对的事
降低学习负担，提高学习效率，
协助跨领域交流

附图

艾宾浩斯遗忘曲线

19世纪，心理学家赫尔曼·艾宾浩斯绘制的遗忘曲线。

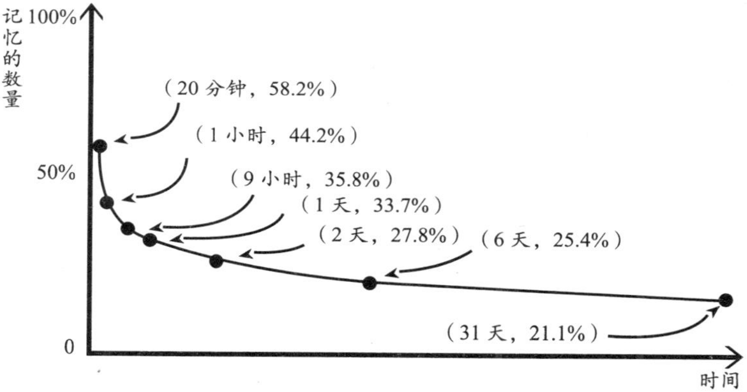

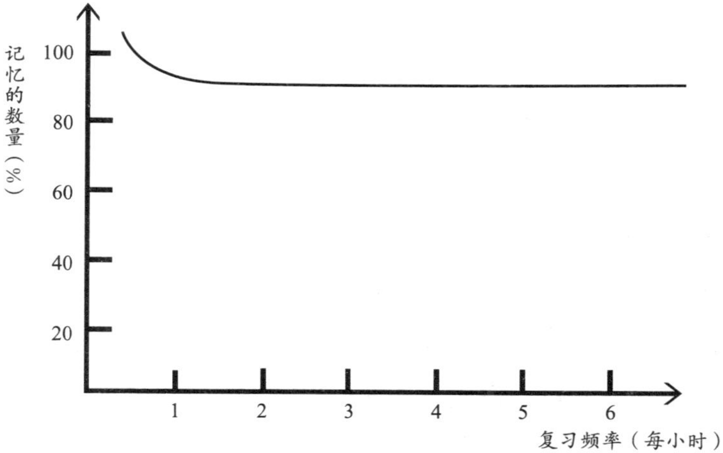

（图注：时间与复习频率对记忆的数量的影响。）

________复习计划表

序号	学习日期	学习内容
1	月　日	
2	月　日	
3	月　日	
4	月　日	
5	月　日	
6	月　日	
7	月　日	
8	月　日	
9	月　日	
10	月　日	
11	月　日	
12	月　日	
13	月　日	
14	月　日	
15	月　日	
16	月　日	
17	月　日	
18	月　日	
19	月　日	
20	月　日	

注：如果想要更为准确地知道自己每天的目标完成情况，可以填写这个复习计划表，记录自己每个目标的完成情况。

	长期记忆复习周期					
	1天	2天	4天	7天	2周	1月
	1					
	2	1				
	3	2				
	4	3	1			
	5	4	2			
	6	5	3			
	7	6	4	1		
	8	7	5	2		
	9	8	6	3		
	10	9	7	4		
	11	10	8	5		
	12	11	9	6		
	13	12	10	7		
	14	13	11	8		
	15	14	12	9	1	
	16	15	13	10	2	
	17	16	14	11	3	
	18	17	15	12	4	
	19	18	16	13	5	

________复习计划表

序号	学习日期	学习内容
1	月　日	
2	月　日	
3	月　日	
4	月　日	
5	月　日	
6	月　日	
7	月　日	
8	月　日	
9	月　日	
10	月　日	
11	月　日	
12	月　日	
13	月　日	
14	月　日	
15	月　日	
16	月　日	
17	月　日	
18	月　日	
19	月　日	
20	月　日	

	长期记忆复习周期					
	1天	2天	4天	7天	2周	1月
	1					
	2	1				
	3	2				
	4	3	1			
	5	4	2			
	6	5	3			
	7	6	4	1		
	8	7	5	2		
	9	8	6	3		
	10	9	7	4		
	11	10	8	5		
	12	11	9	6		
	13	12	10	7		
	14	13	11	8		
	15	14	12	9	1	
	16	15	13	10	2	
	17	16	14	11	3	
	18	17	15	12	4	
	19	18	16	13	5	

时间饼

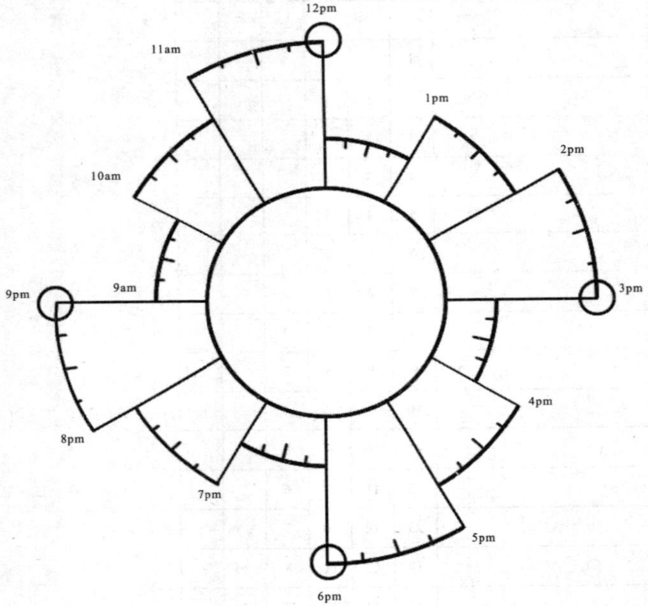

（图注：帕特里·Ng发明的时间饼，本书仅列出12小时时间饼这一种类型。图中的每个扇形都代表一定时长的时间分区，可以给这些扇形涂上不同的颜色来代表不同的安排。这种饼图能将无形的时间变得具体可感，便于实现有效的时间管理。）

记忆力自测试题

记忆习惯测试

测试说明

记忆力对我们来说很重要。良好的记忆习惯能够降低你的“损耗”，有利于提高你的记忆效果。

请根据你的理解，回答下面这10个问题（回答“是”打“√”，回答“否”打“×”）。

测试题

1. 人的记忆力不会随年龄增长而衰退。（ ）

2. 我在记忆前，经常会考虑采用什么方法来记忆才最有效。（ ）

3. 我了解自己属于哪一种记忆类型（视觉型、听觉型或运动型）。（ ）

4. 我能说出至少3种能帮助记忆的食物名称。（ ）

5. 我总是把书桌收拾干净后才开始背书。（ ）

6. 最佳复习时间是学习以后10分钟。（ ）

7. 复习时，不需要按照记忆时的顺序。（ ）

8. 我喜欢用画图的方式做笔记。（ ）

9. 简略的笔记比详细完整的笔记更有利于记忆。（ ）

10. 记忆过程中，中断休息是必要的。（ ）

测评标准

回答“是”的计1分，“否”不计分。

测评结果

如果你的得分大于7，则表明你拥有极佳的记忆习惯。

如果你的得分小于7，则表明你的记忆习惯不是很好，需要改进。

事理观察力测试

测试题

下面是一幅图，请你仔细观察一下，你会发现图中有一些情景不符合常理，请你在1分钟之内把它们找出来。

测评结果

见本书P176页。

人性观察力（体态版）

测试说明

看图辨义，你能否准确判断出图中二人的关系，看看你的观察能力有多强。

测试题

1. 图中一男一女并坐，他们处于什么心态？

A. 两者都感到烦闷

B. 男士对女士献殷勤

C. 女士想躲避男士的贴近

D. 女士挑逗男士

2. 图中一男一女并坐，两人中谁更害怕？

A. 女士

B. 男士

C. 两者都感到很自然

D. 两人都害怕

3. 图中男女相对而坐，谁更有自信心？

A. 女士

B. 男士

C. 两人都感到拘谨

D. 两人都感到很自然

4. 图中那位女士是什么样的情绪？

A. 同情

B. 友好态度

C. 希望关系保持一定距离

D. 愤恨

5. 图中的一男一女出于什么样的情感状态中？

A. 敌对的感情

B. 协调温存的感情

C. 友爱的感情

D. 冷漠的感情

6. 图中一男一女，谁更希望建立亲密关系？

A. 女士

B. 男士

C. 两人都有这种愿望

D. 两人对此都持中立的态度

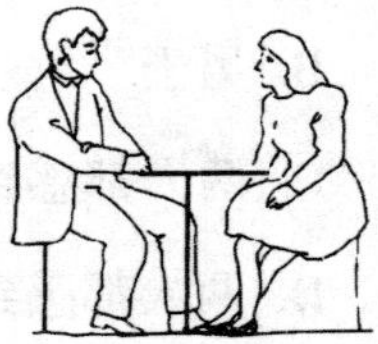

7. 图中的谁更感到拘谨，男士还是女士？

A. 两人都感到很自然

B. 两人都感到拘谨

C. 女士感到拘谨

D. 男士感到拘谨

测评标准

得分 选项 / 题号	A	B	C	D
1	1	10	5	3
2	1	10	5	3
3	3	10	5	1
4	3	10	5	1
5	1	10	5	3
6	10	3	5	1
7	1	10	5	3

测评结果

如果得分为0—17，您对对方的人性观察力比较差。原因是你只“察言”不“观色”，在当今社会难保不吃亏，建议今后与人交往中，不只注意用耳听，更要注意用眼看。在两性交往中尤为如此。

如果得分为18—40，您具有一定对对方的人性观察力。在一般情况下还能略知一二，但生活只允许你通过“观色”去推测判断对方心理活动时，比如对方不想谈的，或言不由衷的时候，则常碰钉子。

如果得分为41—55，您对对方的人性观察力比较强。你能比较准确地洞悉对方的内心世界。

如果得分在56分以上，您对对方的人性观察力比较好。你长了一双慧眼，即使对那些缄默不语的人，你也能洞悉其肺腑，你要相信并运用这种能力。

事理观察力测试题测评结果

（1）烟囱里冒出的烟与风向相逆，不合理。

（2）人与物体的影子与太阳的位置不相符，不合理。

人性观察力（面相版）

测试说明

请仔细辨认下面18幅图画，并根据你的看法来回答每一个问题。

测试题

1. 下面哪一种性格，最容易同图中人物的脸谱联系起来？

A. 温顺

B. 傲慢

C. 不安全感

2. 下面哪一种情绪，最容易同图中人物的脸谱联系起来？

A. 全神贯注

B. 焦虑

C. 惊讶

3. 下面哪一种情绪，最容易同图中人物的脸谱联系起来？

A. 顺从

B. 屈服

C. 吃惊

4. 下面哪一种性格，最容易同图中人物的脸谱联系起来？

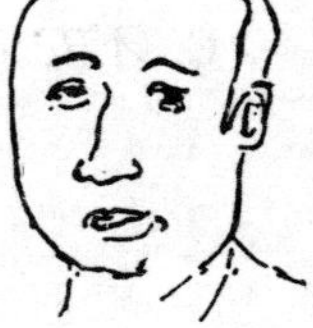

A. 多疑

B. 狡猾

C. 冷静

5．下面哪一种情绪，最容易同图中人物的脸谱联系起来？

A．轻蔑

B．生气

C．高兴

6．下面哪一种情绪，最容易同图中人物的脸谱联系起来？

A．悲伤

B．生气

C．厌恶

7．下面哪一种情绪，最容易同图中人物的脸谱联系起来？

A．恼怒

B．焦虑

C．怀疑

8. 下面哪一种情绪，最容易同图中人物的脸谱联系起来？

A. 害怕

B. 愁闷

C. 专心

9. 下面哪一种性格，最容易同图中人物的脸谱联系起来？

A. 讲究实际的

B. 好交际的

C. 意志坚强的

10. 下面哪一种性格，最容易同图中人物的脸谱联系起来？

A. 讲究实际的

B. 好交际的

C. 意志坚强的

11. 下面哪一种性格，最容易同图中人物的脸谱联系起来？

A. 讲究实际的

B. 好交际的

C. 意志坚强的

12. 图中哪一种书法字体，最能显示出作者是善于交际的人？

1 

2 

A. 第一种

B. 第二种

13. 你能很快地联想到，是哪一种身份的人才会写如下的字体？

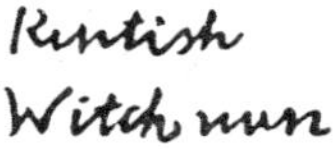

A. 交际家

B. 保守者

C. 以自我为中心者

14. 谁比较聪明？

A. 第一个人

B. 第二个人

C. 不知道

15. 图中的哪一张脸谱，显示出胆大冒失？

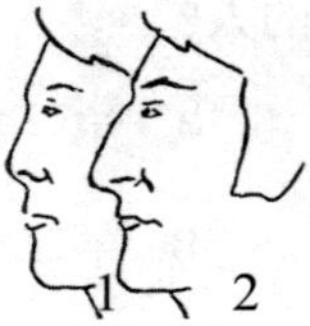

A. 第一张脸

B. 第二张脸

C. 不知道

16. 你能联想到：用那种腔调说话的，会是什么样的人？

A. 对人蔑视者

B. 怀疑者

C. 不擅音乐的人

17. 你能联想到：用那种腔调说话的，会是什么样的人？

A. 害羞的人

B. 悲伤的人

C. 安详的人

18. 你能联想到：用那种腔调说话的，会是什么样的人？

A. 窘迫

B. 厌恶

C. 保守

测评标准

根据下列表格，每答对一题，记1分；答错不计分。你的得分加起来，就是你的总分数。根据总分和你的年龄，查看下表，就可知道你的人性观察力水平了。

题号	1	2	3	4	5	6	7	8	9	10
评测结果	B	C	B	B	A	B	C	B	C	A
题号	11	12	13	14	15	16	17	18		
评测结果	B	A	B	C	C	A	C	C		

14-16岁成绩	17-21岁成绩	22-30岁成绩	30岁以上成绩	识人水平
14-18	16-18	16-18	14-18	非常强
12-13	14-15	13-15	12-13	强
10-11	11-13	11-12	10-11	中偏强
8-9	9-10	9-10	7-9	中偏弱
0-7	0-8	0-8	0-6	弱

测评结果

非常强：你有非常强的识人能力。从一个人的行为和外表形象（面部表情、体态、嗓音）中，你几乎能准确无误地识别出他的性格、情绪，不会被他人欺骗。

强：你对他人的识别力很强。在大多数情况下，你能正确地评价和判断别人。和你同龄的人，大多不能像你那样成功地识别他人。

中偏强：你对他人的识别力在常态范围之内，但是有增强的发展趋势。

中偏弱：你对他人的识别力在常态范围之内，但是有减弱的发展趋势。你不大能正确地识别他人。你要努力，对他人的面部表情和姿势，要多留意观察，多研究比较，把非语言信息看作了解他人情绪、性格的一把钥匙。

弱：从外表形象来识别一个人，不是你的特长。你要克服这个弱点，培养遇事、遇人都要细心观察的好习惯，以增强你的敏感性。

视觉记忆力测试

测试说明

通过前面几道题的测验，相信，大家在反应速度上会有一定的提高了。不过，这些都是文字题，你对自己测过图形题吗？用图形题测试反应速度在美国的课堂上较为普遍。因为这种测试方法直观、快捷、形象，并且适合于不同层次的人。下面是我们精心选取的一些题，对大家进行一下测试。

本组试题主要是判断图形分解或合并之后的形状。全部试题作答时间不能超过8分钟。

测试题

第一部分

1.

A. B. C. D.

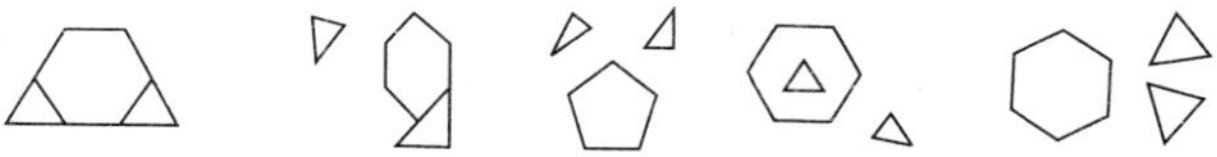

2.

A. B. C. D.

3.

A. B. C. D.

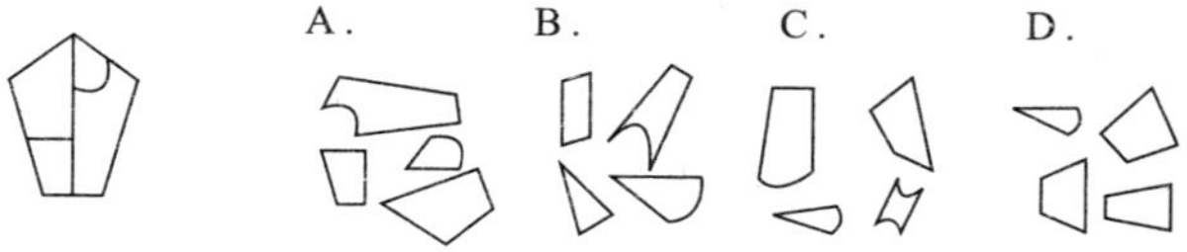

4.

A. B. C. D.

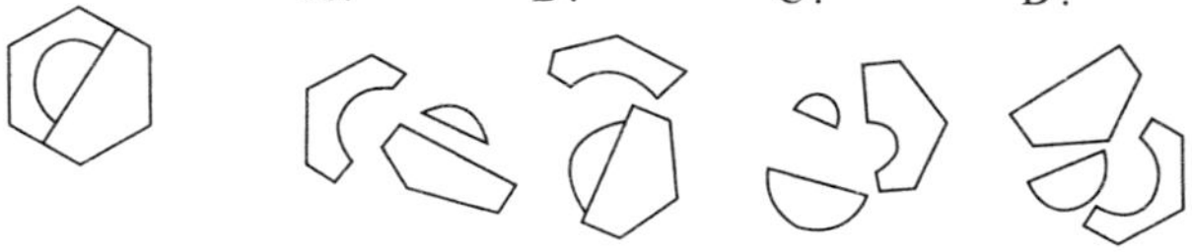

5. A. B. C. D.

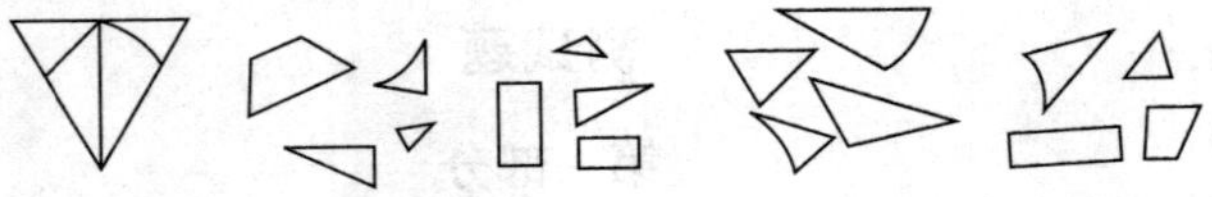

6. A. B. C. D.

7. A. B. C. D.

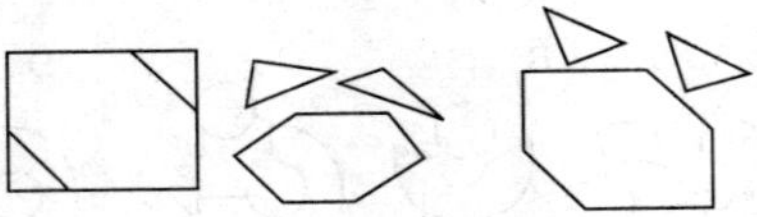

8. A. B. C. D.

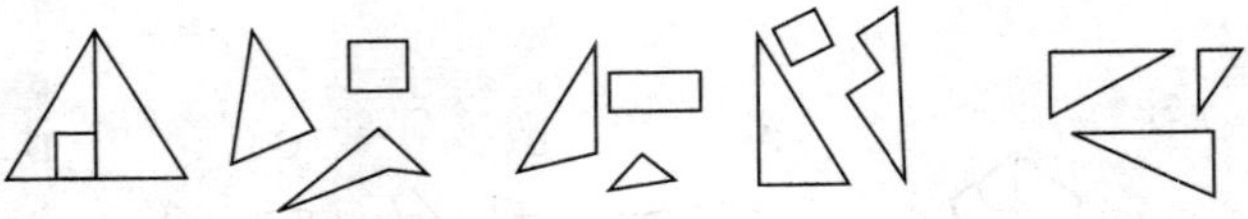

9. A. B. C. D.

10. A. B. C. D.

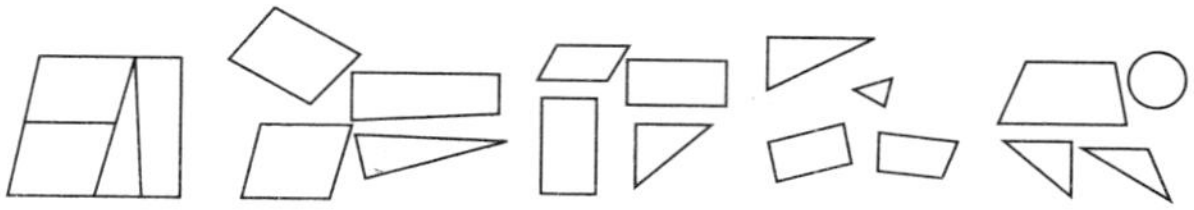

11. A. B. C. D.

12. A. B. C. D.

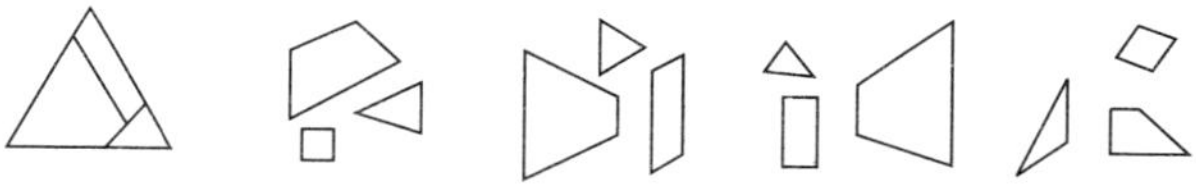

13. A. B. C. D.

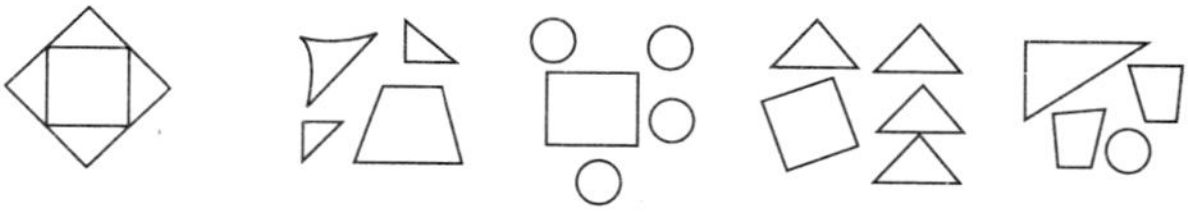

14. A. B. C. D.

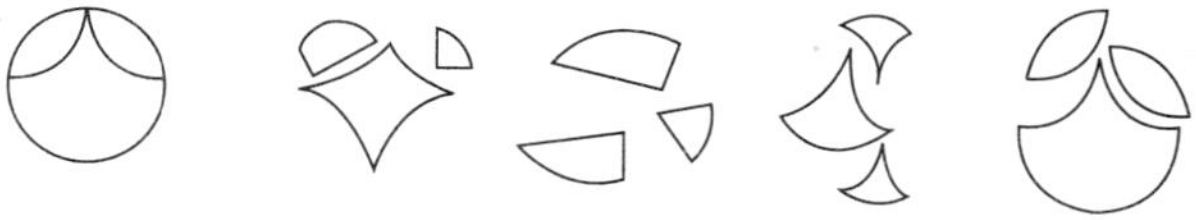

15. A. B. C. D.

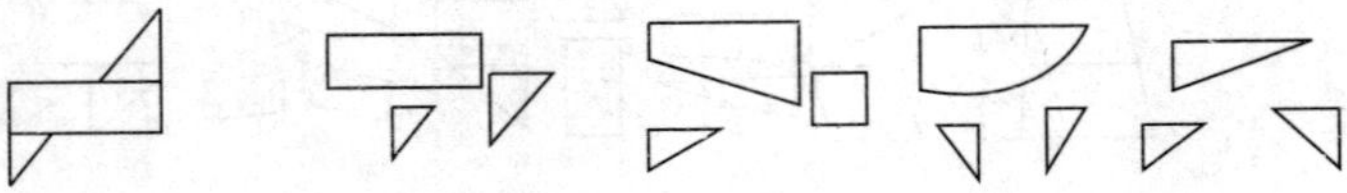

第二部分

1. A. B. C. D.

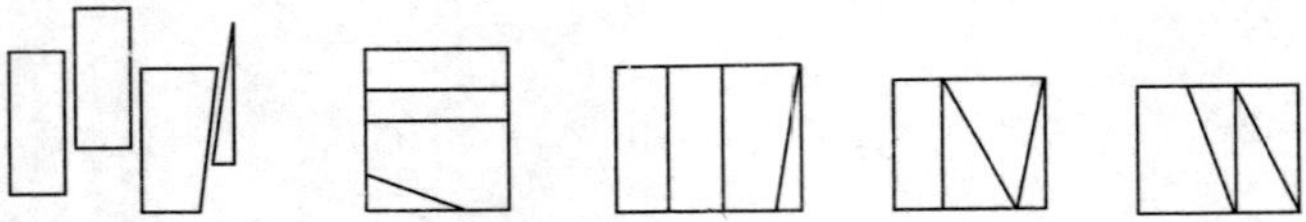

2. A. B. C. D.

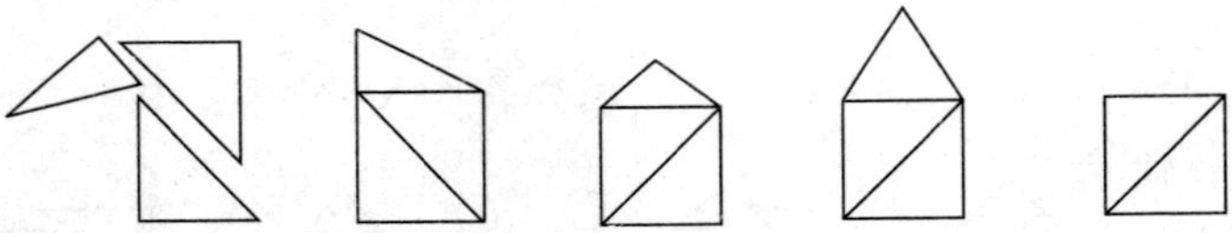

3. A. B. C. D.

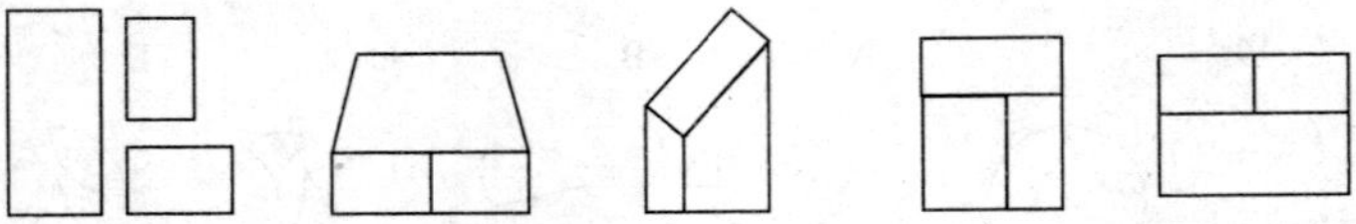

4. A. B. C. D.

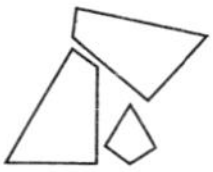

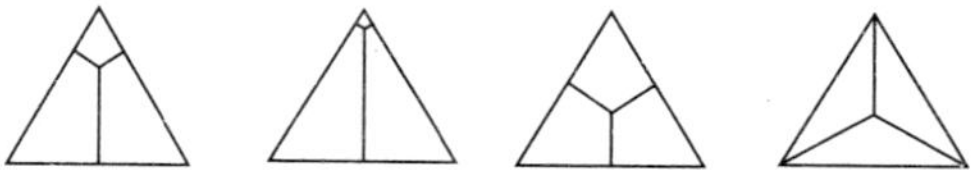

5. A. B. C. D.

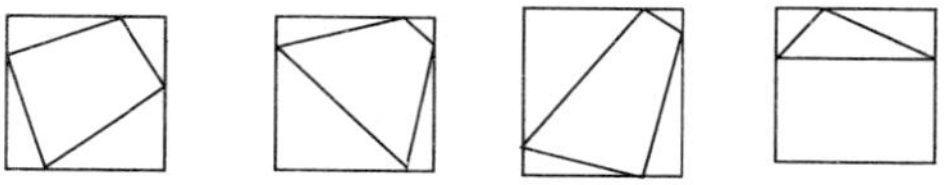

6. A. B. C. D.

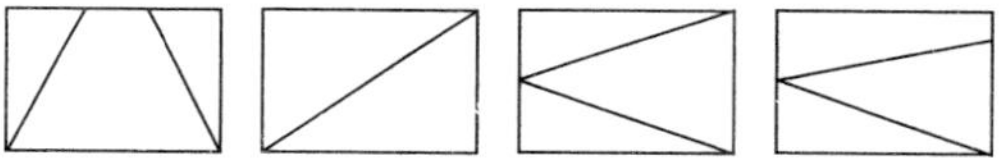

7. A. B. C. D.

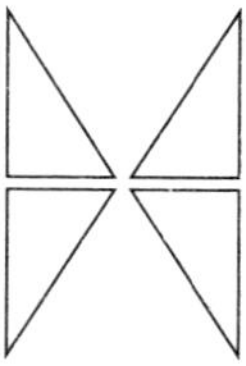

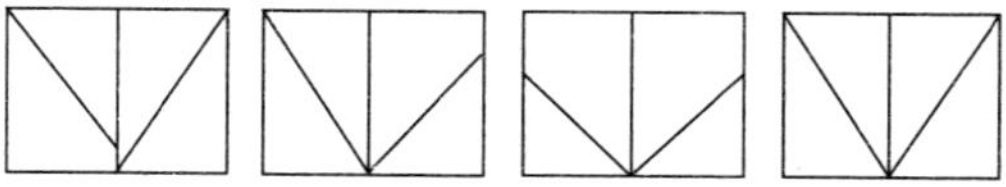

8. A. B. C. D.

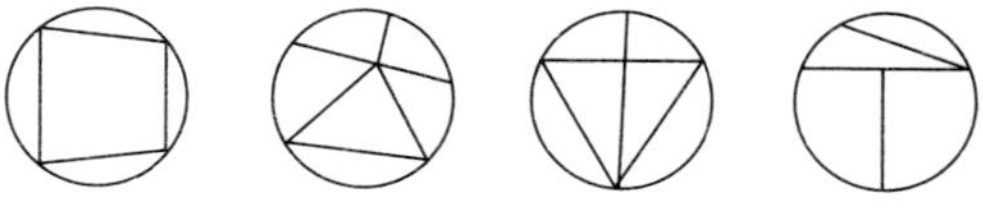

9. A. B. C. D.

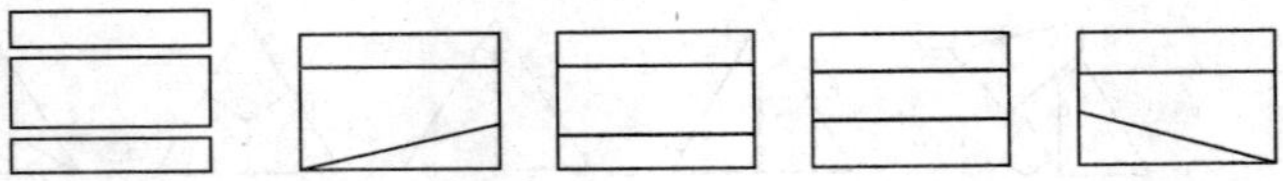

10. A. B. C. D.

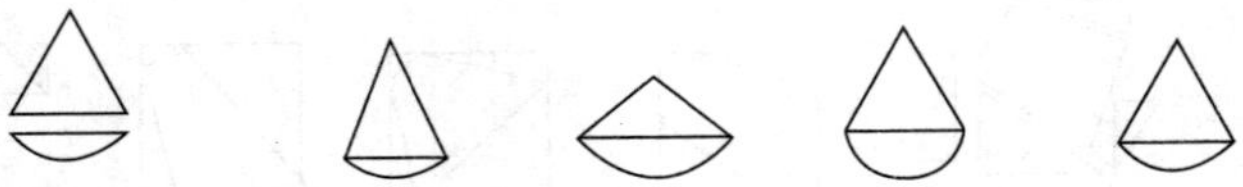

11. A. B. C. D.

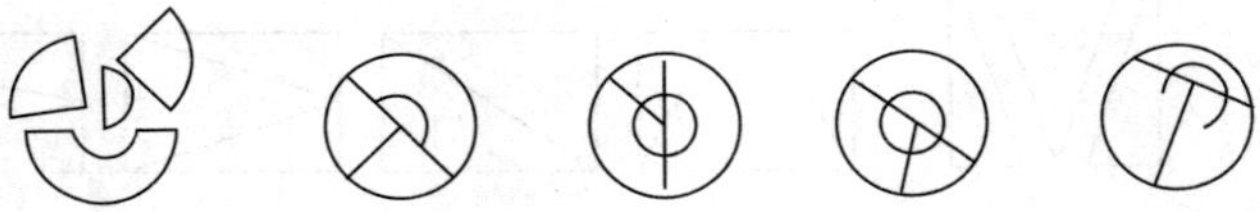

12. A. B. C. D.

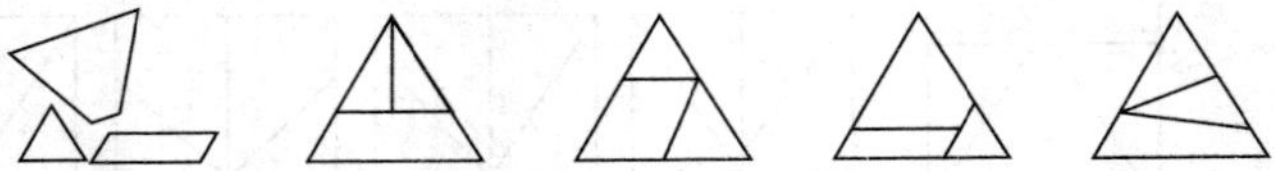

13. A. B. C. D.

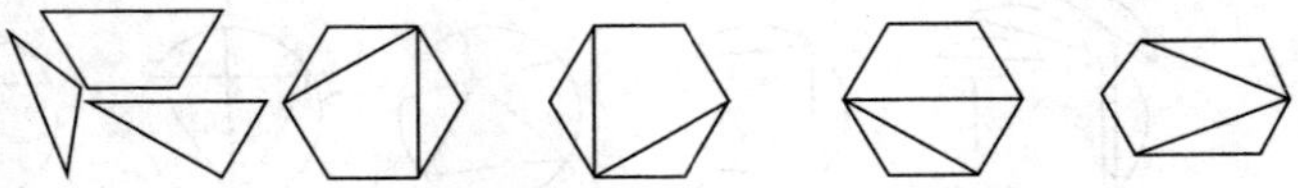

14. A. B. C. D.

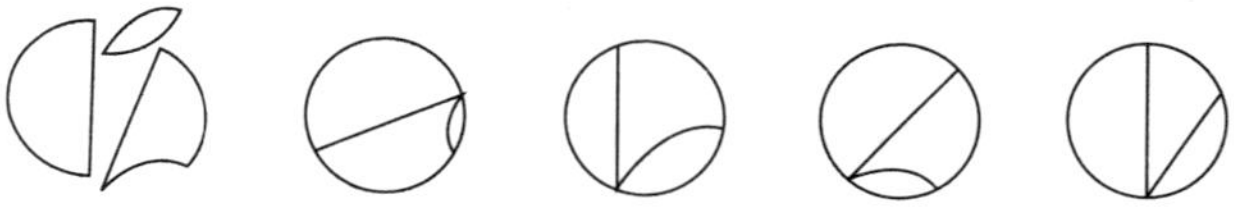

15. A. B. C. D.

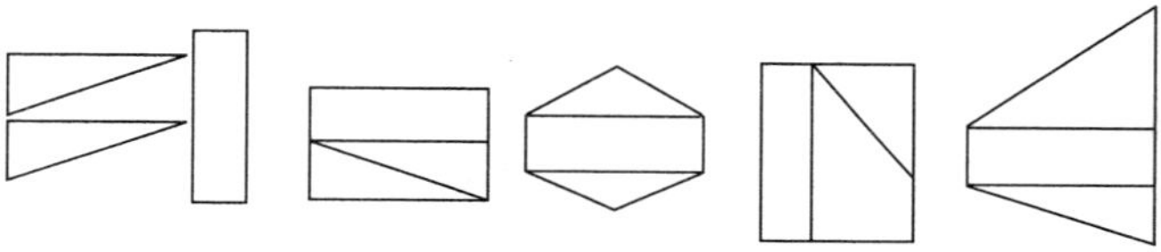

测评标准

第一部分：1.D 2.C 3.A 4.D 5.C 6.B 7.B 8.C 9.B 10.A 11.D 12.B 13.C 14.D 15.A

第二部分：1.B 2.A 3.D 4.A 5.A 6.C 7.D 8.A 9.B 10.D 11.A 12.C 13.C 14.C 15.A

测评结果

如果你在8分钟的时间里全做对了，证明你的反应速度相当棒。如果答错了1到3道题，则情有可原。如果错了4道题以上，则你的反应速度是上去了，可是准确性大打折扣了。你应该在以后的时间里相应地提高一下你对物体整体感的认识。

数字记忆力测试

测试说明

本测验限定在3分钟内完成，要求你在较短时间内准确得出测评结果，请按每题的要求仔细数出第197页图中指定部位的点，测评结果填入题后的括号中。

测试题

1.在正方形中有多少点？不包括在三角形、圆形和长方形中的点。（　）

2.在圆形中有多少点？不包括在三角形、正方形和长方形中的点。（　）

3.在三角形中有多少点？不包括在圆形、正方形和长方形中的点。（　）

4.在长方形中有多少点？不包括在三角形、圆形和正方

形中的点。（　）

5.有多少点是三角形与圆形共有的？不包括在长方形和正方形中的点。（　）

6.有多少点是正方形与三角形共有的？不包括在长方形和圆形中的点。（　）

7.有多少点是正方形与圆形共有的？不包括在三角形和长方形的点。（　）

8.有多少点是正方形与长方形共有的？不包括圆形和三角形中的点。（　）

9.有多少点是三角形和长方形所共有的？不包括在圆形中的点。（　）

10.有多少点是圆形、正方形、三角形和长方形所共有的？（　）

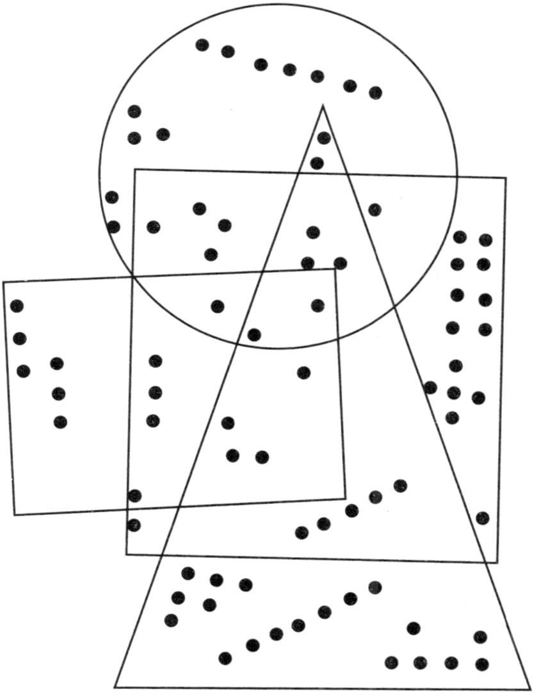

测评标准

1.有15个 2.有12个 3.有19个 4.有6个 5.有2个 6.有5个 7.有5个 8.有4个 9.有4个 10.有2个

参照测评结果，答对的题计0分；答错的题计2分；未回答的题计1分。统计出你的总分。

测评结果

记忆力很好：0—4分

记忆力较好：5—8分

记忆力一般：9—20分